Материалы IX международной научно-практической конференции

Наука в современном информационном обществе

1-2 августа 2016 г.

North Charleston, USA

УДК 4+37+51+53+54+55+57+91+61+159.9+316+62+101+330

ББК 72

ISBN: 978-1536920598

В сборнике опубликованы материалы докладов IX международной научно-практической конференции   " Наука в современном информационном обществе ".

Все статьи представлены в авторской редакции.

© Авторы научных статей, н.-и. ц. «Академический»

Содержание

Ветеринарные науки

Serdyuchenko I.V.
THE INFLUENCE OF FEED ADDITIVE "HYDROGEOL" ON THE MICROFLORA OF THE DIGESTIVE TRACT OF HONEY BEES 1

Географические науки

Загуменная У.А.
АНАЛИЗ РЕЙТИНГА СЕВЕРНЫХ РЕГИОНОВ РОССИЙСКОЙ ФЕДЕРАЦИИ ПО ТУРИСТСКОЙ ПРИВЛЕКАТЕЛЬНОСТИ 4

Исторические науки

Смирнов И.Н.
ЖИЗНЕННЫЙ ПОТЕНЦИАЛ СОСЛОВНО-ПРАВОВОЙ ГРУППЫ ДОНСКИХ МЕЩАН В КОНЦЕ XIX – НАЧАЛЕ XX ВЕКА 7

Культурология

Коноплева Н.А., Метляева Т.В.
ТЕОРЕТИКО-МЕТОДОЛОГИЧЕСКИЕ ПОДХОДЫ К ИССЛЕДОВАНИЮ ГЕНДЕРНОГО ОБРАЗА СУБЪЕКТА ТВОРЧЕСКОЙ ДЕЯТЕЛЬНОСТИ В СФЕРЕ ИЗОБРАЗИТЕЛЬНОГО ТВОРЧЕСТВА 11

Медицинские науки

Kushnirenko Inesa
THE CONDITION OF CYTOKINE BALANCE IN PATIENTS WITH MUCOSAL CANDIDOSIS IN UPPER PART OF DIGESTIVE TRACT 25

Кнышова Л.П., Яковлев А.Т.
РОЛЬ ЭНДОГЕННОЙ ИНТОКСИКАЦИИ В НАРУШЕНИИ ГОМЕОСТАЗА ОРГАНИЗМА ЧЕЛОВЕКА ПРИ АЛКОГОЛЬНОЙ ИНТОКСИКАЦИИ 31

Селезнева Н.С., Малюжинская Н.В., Петрова И.В.
ОЦЕНКА РЕЗУЛЬТАТОВ МИКРОБИОЛГОЧЕСКОГО МОНИТОРИНГА У НОВОРОЖДЕННЫХ ДЕТЕЙ С ИНФЕКЦИОННО-ВОСПАЛИТЕЛЬНЫМИ ЗАБОЛЕВАНИЯМИ НА ТЕРРИТОРИИ ВОЛГОГРАДСКОЙ ОБЛАСТИ 34

Темкин Э.С., Дорожкина Л.Г., Зайцева А.В.
СОВРЕМЕННЫЕ МЕТОДЫ ПРОТЕЗИРОВАНИЯ ПАЦИЕНТОВ СТРАДАЮЩИХ ХРОНИЧЕСКИМ ГЕНЕРАЛИЗОВАННЫМ ПАРОДОНТИТОМ 37

Содержание

Науки о земле

Цапков А.Н., Китов М.В.
О МЕРАХ ОТВЕТСТВЕННОСТИ ЗА НЕЭФФЕКТИВНОЕ ИСПОЛЬЗОВАНИЕ ЗЕМЕЛЬ СЕЛЬСКОХОЗЯЙСТВЕННОГО НАЗНАЧЕНИЯ 42

Педагогические науки

Махнаткина Е.А.
ТЕХНОЛОГИЯ МАРКЕТИНГОВОГО ИССЛЕДОВАНИЯ В УЧРЕЖДЕНИИ ДОПОЛНИТЕЛЬНОГО ОБРАЗОВАНИЯ НА ПРИМЕРЕ МБУ ДО ДТДМ ГОРОДА НОВОРОССИЙСКА 47

Павлов К.С.
ОПЫТ РАЗВИТИЯ ХУДОЖЕСТВЕННЫХ СПОСОБНОСТЕЙ ДЕТЕЙ В СЕЛЬСКИХ ШКОЛАХ СМОЛЕНСКОЙ ГУБЕРНИИ КОНЦА XIX- НАЧАЛА XX ВЕКА 53

Бурмина Т.Ю.
ИННОВАЦИОННЫЕ ТЕХНОЛОГИИ В ОБУЧЕНИИ И ВОСПИТАНИИ: КОУЧИНГОВЫЙ ПОДХОД В ВОСПИТАНИИ ДОВЕРИЯ, МИРОЛЮБИЯ, ПРИНЯТИЯ СЕБЯ И ДРУГИХ ЛЮДЕЙ 58

Монахова Е.Г.
МОНИТОРИНГ ФОРМИРОВАНИЯ ФИЗИЧЕСКОЙ КУЛЬТУРЫ ЛИЧНОСТИ СТУДЕНТОВ IT-СПЕЦИАЛЬНОСТЕЙ 63

Цуканова Л.Д.
РОЛЬ ДЕЛОВОГО ОБЩЕНИЯ В РАЗВИТИИ ПРОФЕССИОНАЛЬНО ОРИЕНТИРОВАННОЙ КОММУНИКАТИВНОЙ КОМПЕТЕНЦИИ 67

Милованова Л.А., Брякова О.Н.
ФОРМЫ ВНЕУРОЧНОЙ ДЕЯТЕЛЬНОСТИ ПО РАЗВИТИЮ ЧИТАТЕЛЬСКОГО ИНТЕРЕСА У МЛАДШИХ ШКОЛЬНИКОВ 70

Воронина М.В., Шапошникова Т.Д.
ОЦЕНКА РЕЗУЛЬТАТИВНОСТИ ДЕЯТЕЛЬНОСТИ ВОЛОНТЕРОВ В СОЦИАЛЬНЫХ ЦЕНТРАХ 73

Гребнев Д.Ю., Маклакова И.Ю., Вечкаева И.В., Попугайло М.В., Тренина О.А., Осипенко А.В.
ВОЗМОЖНОСТИ НАУЧНО-ИССЛЕДОВАТЕЛЬСКОЙ РАБОТЫ ДЛЯ ОПТИМИЗАЦИИ УЧЕБНОГО ПРОЦЕССА НА КАФЕДРЕ ПАТОЛОГИЧЕСКОЙ ФИЗИОЛОГИИ 77

Романов П.Ю., Романова Т.Е.
АЛГОРИТМ ВЫДЕЛЕНИЯ ПРИЕМА РЕШЕНИЯ ЗАДАЧ С ПАРАМЕТРАМИ 80

Политические науки

Сидоренко Н.А.
ПРИНУДИТЕЛЬНЫЕ МИГРАЦИИ В КРЫМУ В СОВЕТСКИЙ ПЕРИОД : ИСТОРИКО-ПОЛИТОЛОГИЧЕСКИЙ ЭКСКУРС 83

Содержание

Психологические науки

Крылова А.В., Сабитова Л.Б.
ПСИХОЛОГО-ПЕДАГОГИЧЕСКИЕ УСЛОВИЯ ПОВЫШЕНИЯ КАЧЕСТВА САМОСТОЯТЕЛЬНОЙ РАБОТЫ СТУДЕНТОВ 86

Сельскохозяйственные науки

Svitenko O.V., Zatuleev V.V.
DAIRY PRODUCTIVITY OF COWS OF GOLSHTINSKY AND AYRSHIRSKY BREEDS 92

Социологические науки

Kamalieva I.R., Musina G.E., Orlovskaya K.V.
HIGH EDUCATION AS SOCIALIZATION CONDITION 95

Гафнер Н.А., Камалиева И.Р.
СОЦИАЛЬНАЯ НОРМА В УСЛОВИЯХ ИЗМЕНЕНИЯ ЧЕЛОВЕЧЕСКОЙ ТЕЛЕСНОСТИ 97

Зулькорнеева Л.И.
ТРАНСФОРМАЦИЯ КОНЦЕПТА «КАЧЕСТВО ЖИЗНИ» В УСЛОВИЯХ СТАНОВЛЕНИЯ ИНФОРМАЦИОННОГО ОБЩЕСТВА 100

Гафнер Н.А.
ТЕЛЕСНОСТЬ ЧЕЛОВЕКА КАК СОЦИОКУЛЬТУРНАЯ ЦЕННОСТЬ 104

Баишева С.М.
НАУЧНЫЕ ИССЛЕДОВАНИЯ ЗАНЯТОСТИ АБОРИГЕННОГО НАСЕЛЕНИЯ ЯКУТИИ: СОВРЕМЕННЫЕ ТРЕНДЫ 107

Технические науки

Andreyeva T.A.
AUTOMATED GENERATION OF TEST SETS 110

Савашинский И.И.
ACTIVE MASKING NOISE NO ENERGY PARAMETERS FINDING USED FOR VEHICLES SPEED MEASUREMENT SYSTEM "ISKRA-1" RADIO-ELECTRONIC REPRESSION 113

Козомазов Д.В., Козомазов В.Н., Маркович А.Ж.
ПРОГНОЗИРОВАНИЕ ФИЗИЧЕСКОГО ИЗНОСА ЗДАНИЙ И СООРУЖЕНИЙ 116

Filenko I.A., Pochitalkina I.A., Petropavlovskiy I.A.
ИССЛЕДОВАНИЕ ВЛИЯНИЯ КОНЦЕНТРАЦИИ КИСЛОТЫ НА ПРОЦЕСС РАЗЛОЖЕНИЯ ФОСФОРИТНОЙ МУКИ 122

Антоненко О.М., Бойцова Т.М., Нижельская К.В.
КОМПЛЕКСНОЕ ВЛИЯНИЕ БАРЬЕРНЫХ ТЕХНОЛОГИЙ НА ПОКАЗАТЕЛИ КАЧЕСТВА, БЕЗОПАСНОСТИ И СРОКИ ГОДНОСТИ МЯСНЫХ ОХЛАЖДЕННЫХ ПОЛУФАБРИКАТОВ 125

Асанбаев Р.Б., Вдовин Е.А., Мавлиев Л.Ф.
ПРОЕКТИРОВАНИЕ УЧАСТКА АВТОМОБИЛЬНОЙ ДОРОГИ С ПРИМЕНЕНИЕМ ПЕРЕХОДНОЙ КРИВОЙ ПЕРЕМЕННОЙ СКОРОСТИ ДВИЖЕНИЯ VGV KURVE 128

Фармацевтические науки

Абзаева К.А.
ПЕРВЫЙ ПРЕДСТАВИТЕЛЬ НОВЫХ УНИКАЛЬНЫХ ГЕМОСТАТИКОВ - ФЕРАКРИЛ: ПРИМЕНЕНИЕ В ПРАКТИЧЕСКОЙ МЕДИЦИНЕ 133

Физико-математические науки

Морозова Т.Ф., Демин М.С., Морозов А.С.
РЕГРЕССИОННЫЙ АНАЛИЗ ЭКСПЕРИМЕНТАЛЬНЫХ ДАННЫХ ЭЛЕКТРОФИЗИЧЕСКИХ СВОЙСТВ ТОНКИХ СЛОЕВ МАГНИТНОЙ ЖИДКОСТИ 136

Сорокина Д.С.
ЗАКОН РАСПРЕДЕЛЕНИЯ ВЕРОЯТНОСТИ ПУАССОНА В ДОЛГОСРОЧНОМ ПРОГНОЗИРОВАНИИ ПАВОДКОВОЙ ОБСТАНОВКИ 140

Хусаинова Г.В., Хусаинов Д.З.
ВЫРОЖДЕННОЕ СОЛИТОННОЕ РЕШЕНИЕ УРАВНЕНИЯ КАДОМЦЕВА –ПЕТВИАШВИЛИ КАК ПРЕДЕЛЬНЫЙ СЛУЧАЙ ДВУХСОЛИТОННОГО РЕШЕНИЯ 143

Филологические науки

Косырева М.С.
ФУНКЦИОНАЛЬНЫЕ ВОЗМОЖНОСТИ ГЛОБАЛИЗМОВ 146

Александрова Е.С.
ГЕНДЕРНО-МАРКИРОВАННАЯ РЕПРЕЗЕНТАЦИЯ ЭМОЦИЙ В АНГЛОЯЗЫЧНОМ НОВОСТНОМ ТЕКСТЕ 148

Рябова М. В.
ОБРАЗ БОГА В РАННЕМ ТВОРЧЕСТВЕ Р.М. РИЛЬКЕ 152

Авдонина Л.П.
СОВРЕМЕННЫЕ КОНЦЕПЦИИ ПЕРЕВОДА 155

Darenskaia I.E., Dodonova N.E.
PROPER NAME ALLUSIONS IN CROSS-CULTURAL FICTION TEXT SPACE 158

Анисимова Т.В.
СПЕЦИФИКА ПРЕДСТАВЛЕНИЯ СОДЕРЖАНИЯ КНИГИ В РЕКЛАМНОМ ТЕКСТЕ 162

Сипкина Н.Я.
ПОЭТИЧЕСКАЯ СКАЗКА «МОНОЛОГ ЦАРЯ ЗВЕРЕЙ» Р. И. РОЖДЕСТВЕНСКОГО: МОТИВ «АНТИРАЗУМНОСТИ» ЧЕЛОВЕЧЕСКОГО СООБЩЕСТВА 165

Содержание

Химические науки

Язвинская Н.Н., Галушкин Д.Н., Галушкина И.А., Пилипенко И.А.
АНАЛИЗ ГАЗА, ВЫДЕЛИВШЕГОСЯ ПРИ ТЕПЛОВОМ РАЗГОНЕ В ГЕРМЕТИЧНЫХ АККУМУЛЯТОРАХ 169

Язвинская Н.Н.
САМОРАЗРЯД В НИКЕЛЬ-КАДМИЕВЫХ АККУМУЛЯТОРАХ 173

Экономические науки

Пейков А.М., Радюкова Я.Ю., Колесниченко Е.А.
О НЕОБХОДИМОСТИ И ЦЕЛЕСООБРАЗНОСТИ СОЗДАНИЯ ЦЕНТРОВ КЛАСТЕРНОГО РАЗВИТИЯ В ТАМБОВСКОЙ ОБЛАСТИ 177

Красулина О.Ю.
ЗНАЧИМОСТЬ СОЦИАЛЬНОГО АСПЕКТА ДЛЯ АРКТИЧЕСКОГО ПРОСТРАНСТВА 184

Городнова Н.В., Скипин Д.Л., Березин А.Э.
ОЦЕНКА ЭНЕРГОЭФФЕКТИВНОСТИ ИННОВАЦИОННЫХ ПРОЕКТОВ ГОСУДАРСТВЕННО-ЧАСТНОГО ПАРТНЕРСТВА: ПРОБЛЕМА И РЕШЕНИЕ 189

Филюшина К.Э., Гусакова Н.В., Добрынина О.И., Жарова Е.А., Меркульева Ю.А., Рунькова А.С., Минаев Н.Н.
КОМПЛЕКСНАЯ ОЦЕНКА СОСТОЯНИЯ РАЗВИТИЯ МАЛОЭТАЖНОГО СТРОИТЕЛЬСТВА В СЕВЕРО-ЗАПАДНОМ ФЕДЕРАЛЬНОМ ОКРУГЕ 200

Морозова Н.И.
НЕОБХОДИМОСТЬ ВНЕДРЕНИЯ МОНИТОРИНГА ЭФФЕКТИВНОСТИ БЮДЖЕТНЫХ РАСХОДОВ В ПРОЦЕСС ПРИНЯТИЯ УПРАВЛЕНЧЕСКИХ РЕШЕНИЙ ОРГАНАМИ ПУБЛИЧНОЙ ВЛАСТИ 203

Трофимов А.К.
К ВОПРОСУ ОБ ОСОБЕННОСТЯХ ПРОЯВЛЕНИЯ КРИЗИСА НА УРОВНЕ МУНИЦИПАЛЬНОГО ОБРАЗОВАНИЯ 206

Безбородова А.С.
РЕЗУЛЬТАТЫ ИМПОРТОЗАМЕЩЕНИЯ В НЕФТЕГАЗОВОМ СЕКТОРЕ И ОСНОВНЫЕ НАПРАВЛЕНИЯ РАЗВИТИЯ 209

Боязитов Д.Р.
КЛЮЧЕВЫЕ АСПЕКТЫ ГОСУДАРСВТЕННОГО УПРАВЛЕНИЯ ЭКОНОМИКОЙ РЕГИОНА 211

Соловьев С.А.
«ЦИФРОВАЯ РЕВОЛЮЦИЯ» И ПРОБЛЕМЫ ФИНАНСИРОВАНИЯ МУЗЫКАЛЬНОЙ ИНДУСТРИИ .. 214

Талалаева Т.В.
ВОПРОСЫ ДОСТУПНОСТИ ИНФОРМАЦИОННОГО ОБЕСПЕЧЕНИЯ МЕХАНИЗМА РЕГУЛИРОВАНИЯ СОЦИАЛЬНО-ТРУДОВЫХ ОТНОШЕНИЙ ДЛЯ НАЕМНЫХ РАБОТНИКОВ 217

Содержание

Юридические науки

Благова Г.А., Буркова Л.Н.
ФИРМЫ-ОДНОДНЕВКИ: ПОНЯТИЕ И МЕРЫ БОРЬБЫ С НИМИ 221

Serdyuchenko I.V.
docent department of microbiology, epizootology and virology,
candidate of veterinary sciences
FGBOU VPO Kuban state agrarian University, Krasnodar,
serd-ira2013@yandex.ru

THE INFLUENCE OF FEED ADDITIVE "HYDROGEOL" ON THE MICROFLORA OF THE DIGESTIVE TRACT OF HONEY BEES

To stimulate the physiological activity of bees, especially in the absence of flowering honey plants, is widely used by beekeepers feeding sugar syrup. However, due to the lack of feeding protein and mineral content and alkaline reaction, bees may experience discomfort, which is manifested by excessive excitation and become dyspeptic disorders. It is therefore recommended to acidify sugar feeding acetic acid and put in her protein-mineral supplements [1, 53].

To improve the biological activity of sugar syrup, we used a feed additive hydrogeol representing the acid hydrolysate of animal blood with the addition of lactic, benzoic and succinic acids [2, 20].

In their experiments, we added hydrogeol to 50% sugar syrup at the rate of 100 ml hydrogeolo and 900 ml of syrup. This fertilizer gave the bees during February-March 12 times with interval of 2-3 days from the calculation of 500 litres per hive. Families in the control group (n=5) were fed sugar syrup with no additives. Before the experiment and 24 hours later after eating the last bookmark feeding the bees of both groups investigated the qualitative and quantitative composition of intestinal microflora [3, 44].

Results showed that changes in the composition and number of microflora in the intestinal tract of bees of the control group correspond to the General trend of seasonal changes, which we set earlier. Namely, at the end of the wintering on the rise, as the total number of microorganisms and its individual representatives. Most significantly increased quantitative presence in the intestinal tract of bees enterobacteria; the number of lactobacilli, staphylococci, enterococci, GNFB and fungi increased. Thus, the General trend of changes in microbiocenosis of the intestinal tract of bees of the control group was characterized by an increase in the number of all components of the followers, but especially enterobacteria, causes, as a rule, the development of intestinal diseases [4, 226].

Bees of the experimental group treated with sugar syrup hydrogeol, noted a different trend. First of all, set the reduction in the number of enterobacteria, staphylococci, and fungi GNFB 1.4 and 3.4 lg CFU/g. To a lesser extent, decreased the number in the intestinal contents of bees enterococci and yeast (0.4 and 0.9 lg CFU/g, respectively) [5, 2].

Consequently, the use of hydrogeol of 50% of sugar feeding allows to selectively influence the microflora of the digestive tract of bees, constraining the growth of enterobacteria, staphylococci, GNFB, fungi, in contrast, encourage the multiplication of lactic acid bacteria [6, 8].

In winter and early spring it is recommended to feed bees is not liquid and pasty feeding – Kandy, which is a mixture of powdered sugar (70-80%), honey or inverted syrup (20-30%) and water (1-4%). The advantage of Kandy before sugar syrup is that his bees take as needed, not transferred and not stored in the cells of a honeycomb. Taken the dough bees immediately used, while they do not have excessive anxiety and years. So it was interesting to determine the influence of hydrogeol on microecological processes in the intestinal tract of the bees when fed to Kandy. For this purpose, in the process of making a dough feeding instead of water used hydrogeol, which was introduced at the rate of 1.5 litres per 35 kg of sugar-honey mixture. The thus obtained Kandy, fed to bee colonies in the experimental group (n=5) 2-fold with an interval of 3 weeks at the rate of 1 g Kandy on the hive. The bee colonies of the control group (n=5) were fed normal Kandy. Before the experiment and after its completion (45 days) was investigated in the intestinal microflora of bees. In the control group of bees, the number of identified microorganisms increased by 0.2-0.6 lg CFU/g. While the number of Escherichia, staphylococci, enterococci, and yeast GNFB was about the same and was at the level of 6 lg CFU/g, but the number of Lactobacillus was 3 orders of magnitude smaller [7, 4].

In the experimental group the initial indicators of microbiocenosis was similar to the control group, however, the results after the experience was significantly different. First of all, I noticed a decrease of 2-3 orders of magnitude of the number in the intestinal tract of bees in the number of enterobacteria, staphylococci, and yeast GNFB. To a lesser extent, decreased the number of enterococci, lactobacilli [8, 113].

Thus, studies have shown that the use of hydrogeolo can significantly regulate microecological processes in the digestive tract of honey bees and it can be used both with liquid and pasty feeding. However, to ensure a more stable result you should prefer the use of hydrogeol composed Kandy [9, 206].

Literature:

1. Serdyuchenko, I. V. intestinal Microbiocenosis in honeybees and its correction: dis. ... of candidate of veterinary Sciences / I. V. Serdyuchenko; FGBOU VPO Kuban state agrarian University. – Krasnodar, 2013. – 145 p.

2. Serdyuchenko, I. V. Microbiological condition of the components inside the bee hive and drinking bowls for bees / I. V. Serdyuchenko, V. I. Terekhov, Sergei Bobkin, Z. Kalmykov // Materials VIII international scientific-practical conference "21 century: fundamental science and technology." N.-I. TS. "Academic". North Charleston, SC, USA, 2016. – Pp. 19-21.

3. Serdyuchenko I.V. The Influence of feed additive hydrogeol on the microflora of the digestive tract of bees. Proceedings of the Samara state agricultural Academy. 2010. No. 1. P.43-45.

4. Serdyuchenko I.V. Studying the influence of feed additive "Hydrogeol" on the microflora of the digestive tract of the bees and their medoproduktivnost / I. V. Serdyuchenko, V. I. Terekhov, D. A. Ovsyannikov Proceedings of Kuban state agrarian University. 2012. No. 36. S. 225-227.

5. Serdyuchenko, I. V. Dynamics of change of the total microflora at the bottom of the beehive during the year / I. V. Serdyuchenko, N. N. Gugushvili, A. R. Litvinova // Materials VIII international scientific-practical conference "Science in modern information society". N.-I. TS. "Academic". North Charleston, SC, USA, 2016. – P. 1-3.

6. Serdyuchenko, I.V. Effect of feed additive "Hydrogeol" the condition of the intestines of bees and bee colonies medoproduktivnost / serdyuchenko V. I., Bobkin, S. S., and Kalmykov, Z. T. In the book: Fundamental science and technologies - promising developments proceedings of the VII international scientific-practical conference. n.-I. TS. "Academic". 2015. P. 7-10.

7. Litvinova, A. R. a study of the microflora of the air in different rooms / A. R. Litvinova, I. V. Serdyuchenko, N. N. Gugushvili, // Materials VIII international scientific-practical conference "Science in modern information society". N.-I. TS. "Academic". North Charleston, SC, USA, 2016. – S. 4-5.

8. Terekhov, V. I., Selective nutrient medium for isolation of lactic acid bacteria / V. I. Terekhov, A. Y. Arushanyan, I. V. serdyuchenko, S. G. Glushchenko, T. V. Malysheva Proceedings of Kuban state agrarian University. 2014. No. 47. S. 112-114.

9. Serdyuchenko, I.V. Microbiocenosis of the intestinal tract of adult honey bees in the conditions of Krasnodar region / I. V. Serdyuchenko, V. I. Terekhov, D. A. Ovsyannikov Proceedings of Kuban state agrarian University. 2014. Vol. 1. No. 46. Pp. 204-206.

Географические науки

Загуменная У.А.
ФГБОУ ВО «Кемеровский государственный университет»
ulyana4365@mail.ru
АНАЛИЗ РЕЙТИНГА СЕВЕРНЫХ РЕГИОНОВ РОССИЙСКОЙ ФЕДЕРАЦИИ ПО ТУРИСТСКОЙ ПРИВЛЕКАТЕЛЬНОСТИ

Статистика туристских потоков – это наиболее важный показатель, позволяющий оценить число туристов посещающих ту или иную территорию за определенный промежуток времени и, как правило, показывающий насколько дестинация является востребованной и привлекательной для туристов. В связи со сложившейся на данный момент экономической ситуацией в России развитие туризма является актуальной задачей для многих субъектов Российской Федерации. Особую привлекательность в этом аспекте имеют северные регионы, имеющие большой потенциал для развития многих видов туризма.

Для того чтобы потенциальный потребитель выбрал северный регион в качестве территории отдыха и туризма, его привлекательность должна поддерживаться положительными эмоциями, ассоциациями и ощущениями, возникающими в процессе посещения данного региона. То есть, популярность туристской территории во многом зависит от ее образа, складывающегося в представлении потенциальных туристов [1].

С северными территориями проблема привлекательности встает наиболее остро, так как у многих людей они ассоциируются только с суровыми природными условиями. На самом же деле северные районы, занимающие 2/3 территории России, это дестинации со своим особенным, неповторимым колоритом, завораживающими полярными сияниями, уникальными традициями и бытом малочисленных коренных народов, обширным природно-ресурсным и туристским потенциалом. К ним относятся следующие регионы: Мурманская область, республика Карелия, Архангельская область, Ямало-Ненецкий и Чукотский автономные округа, север Красноярского края, республика Саха (Якутия).

Уровень туристского потока подчиняется определенным правилам и зависит от нескольких факторов, которые выявляют спрос на туристские продукты и предложения для туристов, то есть туристская привлекательность. Первый фактор связан с возможностями туриста: уровень его благосостояния, мобильность и возможность путешествовать. Второй фактор – это предложения туристам от принимающей стороны, количество объектов туриндустрии, достопримечательности, доступность и комфортность отдыха в различных туристских районах. Немаловажную роль играет стоимость путешествия, рекламная и маркетинговая деятельность страны посещения или какого-либо отдельного региона.

По данным журнала «Сноб», где был опубликован рейтинг лучших и худших регионов России для туризма, журнала «Отдых в России» и данных Центра информационных коммуникаций «Рейтинг» нами был проанализирован уровень привлекательности северных регионов России на современном этапе [2]. Главным образом оценка осуществлялась по девяти критериям, среди них уровень развития туристического бизнеса, криминогенная обстановка, наполненность гостиниц и другие. Рейтинг возглавил Краснодарский край, а также в лидерах оказались Москва, Санкт-Петербург, республика Крым, Московская область, Калининградская область. Изучаемые нами северные регионы России не присутствуют в первой двадцатке рейтинга, кроме республики Карелия. Здесь известно большое количество достопримечательностей, памятников природы, заповедников, большое количество рек и озер. Это способствует развитию различных видов туризма, начиная с культурно-познавательного и заканчивая активным туризмом.

Далее в рейтинге регионы севера разместились следующим образом по убыванию туристской привлекательности: Мурманская область, Красноярский край, Архангельская область, Чукотский АО, Республика Саха (Якутия), Ямало-Ненецкий АО. Стоит отметить, что в аутсайдерах оказались республики: Чеченская, Дагестан, Ингушетия и Тыва.

Рассматривая арктические территории как туристские дестинации нельзя не обратить внимания на национальный парк «Русская Арктика» и федеральный заказник «Земля Франца-Иосифа», куда регулярно формируются круизные путешествия. Они являются одними из основных составляющих арктического путешествия многих туристов. Данные официального сайта национального парка «Русская Арктика» устанавливают, что в настоящий момент активно увеличивается спрос на посещение этих особо охраняемых природных территорий. С 2014 года по лето 2015 года туристский поток в парк и заказник выросли на 70%. Летом 2015 года посетили 1225 человек – это рекорд с момента их становления, среди них – туристы из 41 страны. Наиболее активными посетителями являются туристы из Китайской Народной Республики – 277 человек, а также Швейцарии, Австралии и Азербайджана. Но, к сожалению, регулярно наблюдается тенденция, что количество русских туристов в данный район не возрастает, в общей доле посетителей они составляют лишь 6% [3].

Гендерный состав посетителей парка и заповедника распределяется следующим образом: 55% - мужчины и 45% - женщины. Возрастной состав посетителей представлен на рисунке 1. Сотрудники Национального парка отмечают, что традиционно наибольшее число посетителей – это люди в возрасте от 50 до 70 лет.

Для определения уровня развития туриндустрии в интересующих нас субъектах РФ, следует обратить внимание и на такой критерий оценки как объем номерного фонда в коллективных средствах размещения.

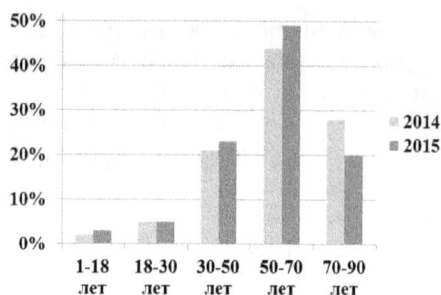

Рис. 1. Возрастной состав туристов национального парка «Русская Арктика» и федерального заказника «Земля Франца-Иосифа»

По данным официального сайта федерального агентства по туризму на 2014 год площадь номерного фонда составляет (тыс. кв. м): Красноярский край – 159,9; Архангельская область – 70,7; Мурманская область – 58, 5; Республика Карелия – 47,4; Республика Саха (Якутия) – 45,1; Ямало-Ненецкий авт. округ – 41,3; Чукотский авт. округ – 2,7 [4].

Таким образом, на данный момент развитие туризма в северных регионах РФ только начинает набирать обороты, здесь имеется большой потенциал, но еще недостаточно сделано для увеличения туристской привлекательности и потока туристов. Суровые природные условия не должны помешать становлению российского туризма в новом формате.

Литература (источники)

1. Брель О. А., Кайзер Ф. Ю. Роль брендинга региона в практике внутреннего и въездного туризма в России // Туризм в современном мире: направления и тенденции развития: Материалы IV Всероссийской научно-практической конференции с международным участием, посвященной 10-летию кафедры «Социально-культурный сервис и туризм». – Хабаровск, 2013. – С.26-30.
2. Международный проект «Сноб» snob.ru – 2015 / [Электронный ресурс] / режим доступа: https://snob.ru/selected/entry/101769 (дата обращения 21.03.2016).
3. Национальный парк «Русская Арктика» / Статистика туристских потоков rus-arc.ru – 2015 / [Электронный ресурс] / режим доступа: http://www.rus-arc.ru/ru/Tourism/Statistics (дата обращения 22.03.2016).
4. Федеральное агентство по туризму / [Электронный ресурс] / режим доступа: http://www.russiatourism.ru/content/8/section/81/detail/4124/ (дата обращения 22.03.2016).

Научный руководитель – к. пед. н., доцент Брель О.А., ФГБОУ ВО «Кемеровский государственный университет»

Смирнов И.Н.
кандидат исторических наук, доцент кафедры истории
ТИ имени А.П.Чехова (филиала) ФГБОУ ВО «РГЭУ (РИНХ)»
SmirnovIN@yandex.ru

ЖИЗНЕННЫЙ ПОТЕНЦИАЛ СОСЛОВНО-ПРАВОВОЙ ГРУППЫ ДОНСКИХ МЕЩАН В КОНЦЕ XIX – НАЧАЛЕ XX ВЕКА

Период второй половины XIX – начала XX в. был временем испытания на прочность сословных обществ на Дону. Исследователи, которые утверждают, что на этом историческом этапе жизнь стала по-настоящему буржуазной, и что в ней не осталось места сословиям, сильно заблуждаются. Российское государство было обширным, многосложным. В этой связи кажется ошибочным утверждать, будто реалии буржуазного времени победили здесь повсеместно. На Дону, например, преждевременно было списывать со счетов роль сословно-правовых групп. В частности, казачество всячески оберегало свой особый мир, в котором можно было встретить целую «галактику» исключительных прав. Представители других сословий таких прав не имели. Глядя на казаков, держались за свои небольшие корпоративные права и остальные сословно-правовые группы населения, которые оказались в административном подчинении Областного Правления войскового Наказного атамана. Живя под властью казацкой администрации края, они ничего не находили лучшего, кроме как консолидироваться, концентрировать силы на нужных участках при решении проблем. В такой обстановке не могла реализоваться стратегия отказа от сословных обществ. В противном случае каждому человеку пришлось бы в одиночку без помощи слаженной коллективной силы решать многие важные вопросы.

Казацкая по природе власть на Дону не могла не поставить на ведущее место интересы войскового сословия. Поэтому всем прочим слоям населения было объективно сложней оберегать свое жизненное пространство. Успех их в этом деле был возможен только в обстановке «собирания» сил, усиления внутригрупповой солидарности и сплоченности. Это вынуждало их защищать собственные сословные учреждения. Принадлежа сословной корпорации, человек мог себя чувствовать защищенным.

История области Войска Донского иллюстрирует примеры того, как многие групповые субъекты прошлого цеплялись за жизнь, стремились показать свою нужность и пользу для дальнейшего развития региона. Наглядными примерами тому, были сословно-правовые группы городского населения, в частности, самая известная из них – группа мещан.

О том, что мещане не были бесполезными «ошметками» прошлого, свидетельствуют многочисленные факты.

1. На Дону имела место социальная гравитация мещан, которая заставляла их концентрировать свои силы на городской территории, там, где были особенно сильными мещанские общества.

2. На донской территории был высоким уровень групповой идентичности мещан, позволявший худо-бедно справляться с внешними угрозами и решать проблемы нуждающихся. Ярче всего он давал знать о себе в периоды обострения социальных противоречий на Дону. Каждый раз, когда возникали конфликтные ситуации, от того, в какую сторону качнутся городские обыватели, можно было ожидать то или иное решение вопроса. Можно подумать, что эта сословно-правовая группа были ненужным элементом действительности. Однако в поворотные моменты жизни без ее социальной позиции областная власть не могла надеяться на нужное решение вопроса. Единомыслие, общее отношение ко многим происходящим на Дону событиям были ярким свидетельством коллективной самости обывателей, которую власти желали использовать в своих интересах. Уже в силу этого обстоятельства с данной группой приходилось власти считаться.

3. В области Войска Донского зримое место занимали модальные формы сословной реальности, указывающие на то, что сословный строй свой век еще не отжил. Это были некие символы времени, в том числе материальные элементы той жизни, которые сильно определяли поступки любой сословно-правовой группы горожан, и подтверждали сословный характер мироустройства на Дону (движимая и недвижимая собственность, делопроизводственные документы, терминальные ценности и т.п.).

В донской истории рубежа веков мы часто сталкиваемся с целым набором сведений, которые явно свидетельствуют не в пользу того, что сословный строй себя изжил окончательно. Особенно бросается в глаза факт присутствия, например, в сословно-правовой группе донских мещан, «породистых» обывателей. Последние были становым хребтом сословия мещан. Они обладали полным набором прав членов сословия. Иные члены сословия им сильно проигрывали. В данное историческое время презумпция человеческого равенства еще не была выдвинута на передний план, и о торжестве буржуазного права речи быть не может. Многие положения «Свода законов Российской империи» работал исправно, так что нормы буржуазного права полностью не вытеснили нормы прежнего сословного уклада общественной жизни. Государство и в начале XX в. не подкосило окончательно сословный строй. Это обстоятельство как раз и способствовало тому, что на Дону существовала некая группа избранных мещан, которые кичились своей «породистостью», мещанством «от рождения». В городе Ростове-на-Дону даже были известны факты тирании этой части сословно-правовой группы мещан в отношении другой менее защищенной ее части (люди, записанные в сословие для одного счета, как тогда говорили, приписанные к мещанскому обществу, но не причисленные к нему). Группа этих особенных обывателей оказывала сильное воздействие на всех участвующих в активной жизни сословия. Представители ее были ведущими, и определяли едва ли не все аспекты отношений внутри сословия, и уж точно от их воли зависел полностью характер общения мещанского сословия с региональными властями.

В конце XIX – начале XX в. выросла социальная мобильность расширились рамки индивидуального выбора, в результате сословное общество уже не определяло как прежде рамки индивидуального самоопределения. Многие обыватели научились самостоятельно без помощи мещанского общества решать немало своих проблем. Кто-то в этом усмотрел бы кризис идентичности. На самом деле, нет. Развитие и приспособляемость являются свидетельством жизнеспособности, а социальная ригидность, будь она тогда в самом расцвете, только была бы способна увести сословие мещан с исторической арены раньше, чем это произошло на самом деле. Так что есть все основания считать сословно-правовые группы на Дону, например, группу мещан, вполне живучими, способными приносить пользу обществу.

Не нужно думать, будто на рубеже веков сословие мещан было некой абстракцией. О пользе сословных организаций говорили местные чиновники, работники Областного Правления. Тому были веские причины.

Во-первых, краевая администрация не обладала надлежащим уровнем квалификации, чтобы эффективно управлять городами. В ее действиях наблюдалась топорность, неуклюжесть. Да и откуда возьмется у нее опыт работы с городскими жителями, если городов на Дону было мало, и основная городская традиция на Дону начала формировать слишком поздно, после того как в 1887 г. присоединили к земле Войска Донского Азов, Нахичевань-на-Дону, Ростов-на-Дону и Таганрог? После известной реформы, которая привела к укрупнению административной территории донского казачества, возросла интенсивность общения между городами и областной администрацией, а тут еще и рост динамизма жизни на рубеже веков, который со своей стороны повышал плотность общения власти и города. Получилось так, что в новой обстановке, когда города рассчитывали на профессиональный диалог с властью, казацкая администрация только начинала нарабатывать опыт нужного общения. Только начинал формироваться некий дипломатический «протокол». Прежде его не было. Дело в том, что к области Войска Донского присоединили города с явно выраженной городской культурной традицией, со своим «лицом». Такими городами просто так не покомандуешь. Тут была нужна культура диалога, которой к несчастью у казацкой администрации края не было.

Во-вторых, существованием сословных учреждений местная власть добивалась предсказуемости социальных связей в городе. При помощи сословных союзов она конструировала нужную социальную реальность. С их помощью региональные власти наиболее дешевым способом решали задачу управления городским населением. Часто общества мещан делали ту работу, которую в иной ситуации пришлось бы делать местной бюрократии.

В-третьих, не иссякал поток желающих стать членом мещанского сословия. Это есть прямое свидетельство того, что мещанское «звание» было востребованным, а сословный уклад жизни пока еще нужным на Дону. В конце XIX – начале XX в. городские ремесленники часто выступали под опекой сильных мещанских организаций. В годы, когда государство приступило к упразднению ремесленных управлений и обществ в России, обнаружился у ремесленников интерес к возможности вступления в мещанское сословие, характер деятельности которого им был близким и понятным. Не только ремесленники, но и сельские жители, инородцы охотно записывались в ряды местных мещан. Только особенность момента была такова, что не всех желающих могли принять в плотные мещанские ряды. Увеличению численности сословно-правовой группы в городах области Войска Донского мещане сопротивлялись. Практика «отсева» неподходящих претендентов была отличительной чертой существования крупных мещанских обществ с характерным им высоким уровнем сословной идентичности.

Таким образом, в конце XIX – начале XX в. социальная жизнь на территории области Войска Донского была наполнена концептами прошлого. В это время сложившийся сословный уклад – это одновременно и продукт прошлого, и, как свидетельствуют факты, живая деятельность. Поэтому нельзя говорить прямолинейно об анахронизме сословного строя на Дону в рубежный период.

УДК 008: 316.722.2

Коноплева Н.А., Метляева Т.В.
доцент по кафедре психологии и социальных технологий, доктор культурологии; канд. культурологии
Владивостокский государственный университет экономики и сервиса
e-mail: nika.Konopleva@gmail.com; Metlaevatv@mail.ru

ТЕОРЕТИКО-МЕТОДОЛОГИЧЕСКИЕ ПОДХОДЫ К ИССЛЕДОВАНИЮ ГЕНДЕРНОГО ОБРАЗА СУБЪЕКТА ТВОРЧЕСКОЙ ДЕЯТЕЛЬНОСТИ В СФЕРЕ ИЗОБРАЗИТЕЛЬНОГО ТВОРЧЕСТВА

В данной статье представлены теоретико-методологические подходы к анализу образа субъекта деятельности в сфере изобразительного творчества. Рассматривается понятийно-категориальный аппарат, необходимый для определения образа художника, прослеживается ряд типологий, положенных в его основу в культурологии, философии, психологии. Приводятся данные исследования гендерного образа художника, основанного на концепции личностных черт

Ключевые слова: личность, субъект, индивид, индивидуальность, субъект творческой деятельности, гендер, типология

Nina Alexeevna Konopleva - Doctor of Culturology, professor
Tatyana Viktorovna Metlyaeva - Candidate of cultural science, professor
Vladivostok State University of Economics and Service
e-mail: nika.Konopleva@gmail.com; Metlaevatv@mail.ru

THEORETICAL AND METODOLOGICAL APPROACHES TO THE RESEARCH OF A GENDER IMAGE OF A CREATIVE ACTIVITY SUBJECT IN THE SPHERE OF FINE ARTS

The given article considers theoretical and methodological approaches to the analyses of image of a creative activity subject in the sphere of fine arts. The article outlines the framework of categories and concepts required for defining the image of an artist, reveals a number of typologies of this image applied in culturology, philosophy, psychology. The research materials revealing the gender image of an artist based on a concept of personal features are presented in the article.

Key words: personality, subject, individual, individuality, creative activity subject, gender, typology.

Исследование гендерного образа художника в культуре опирается на ряд понятий: творчество, творческая деятельность, гендер, творческая личность, типология. Но, прежде всего этот анализ нуждается в разделении понятий личность и субъект. Подходы к определению личности в научном знании до настоящего времени многоаспектны и терминологически не всегда различимы. Под «личностью» понимают: человеческого индивида как субъекта отношений (Б.Г. Ананьев, И.С. Кон, А.Ф. Лазурский, А.Н. Леонтьев, В.Н. Мясищев, В.С. Мерлин, К.К. Платонов, Ю.В. Щербатых) и сознательной деятельности или устойчивую систему социально значимых черт (А. Адлер, И. Кон, Дж. Роттер, К.К. Платонов, К. Хорни, Э. Фромм, Р. Кеттелл и др.).

В культурологии личность – термин, обозначающий социальный тип человека как продукта и носителя исторически определенной культуры и выполняющего определенные функции в системе сложившихся общественных отношений. Личность является единичным воплощением культуры, конкретным выразителем всей совокупности общественных отношений [10]. В. М. Розин, анализируя подходы к личности как субъекту культуры, отмечает, что понять, что такое личность возможно обсуждая представления о человеке, индивиде, субъекте. Он пишет, что в новой философской энциклопедии приводится следующая формула – «индивидом рождаются. Личностью становятся. Индивидуальность отстаивают» [17, 44 - 53]. Вместе с тем Дж. Хонигманн, обосновывая взаимодействие между культурой и личностью, характеризует последнюю с точки зрения моделей деятельности, мышления, чувствования (модальная личность). А. Кардинер использовал термин «базисная» личность, полагая, что базисная структура личности и типичные черты группового характера, свойственные всем индивидам данной культуры или субкультуры, являются продуктом специфического способа воспитания людей (особенно в период детства). Базисная личность фиксирует репрезентативный для данной культуры, тип личности, т.е. комплекс черт, проявляющихся у индивидов к ней чаще всего принадлежащих [11].

В свою очередь, «Человек как субъект – это высшая системная целостность всех его сложнейших и противоречивых качеств [4, 31]. Основное отличие субъекта от личности определяется тем, что социальность (личность) ориентирована на нормы, социальные ожидания, а социокультурное в человеке представляет собой пространство восхождения в культуру, к абсолютным объективным ценностям, к социокультурным образцам» [5, 90 - 93]. Под социокультурными образцами понимают свойственную определенному типу культуры композицию ценностей как мер, с которыми человек соизмеряет свои действия, поступки, которые он выбирает как ответ на вопрос, что есть человек. Современный человек по М. Фуко – это, во-первых, человек критически относящийся к себе, это человек постоянно себя воссоздающий, анализирующий и уясняющий свои границы [22].

Причем в художественной деятельности человек выступает в многостороннем проявлении своей сущности. Причем субъект художественной деятельности – это понятие более высокого уровня, чем личность, это человек с развитой мерой культурного, духовного, человеческого в нем. Субъектность представляет собой квинтэссенцию индивидуальности, выраженную в стремлении человека к достижению подлинности, посредством соизмерения своих действий с социокультурными образцами. Именно поэтому необходимы определенные культурные образцы, «эталоны», «типажи», на которые культура в процессе формирования субъектности ориентируется. Типологизация - метод научного познания, направленный на разделение некоторой изучаемой совокупности объектов на обладающие определенными свойствами упорядоченные и систематизированные группы с помощью обобщенной модели или типа (идеального или конструктивного) [24, 83]. В разработке этой проблемы в отечественной психологии есть несколько различных, не сведенных воедино тенденций и подходов. Широко распространены типологии личностей по профессиональному основанию. Хотя общая типология личности не разработана, но ряд авторов проводили типизацию по некоторым специальным основаниям (Б.И. Додонов, Н.И. Рейнвальд и др.). Так, Б.И. Додоновым описан эмоциональный тип личности [8]. А. Галин условно разделил индивидов на два возможных типа: «образник» и «логик» [6, 43].

В зарубежной психологической литературе описано множество различных типологий личности (З. Фрейда, К.Г. Юнга, А. Адлера, Э. Фромма, К. Хорни, А. Маслоу, С. Бэтсона, М. Цукермана, В. Райха и др.). А. Миллер (1991) создал типологию на основе комбинации личностных черт, использовав три их измерения – когнитивные, аффективные и конативные. О. Ранк – три типа личности «Артист», «Невротик», «Средний человек». К.Г. Юнг ведущей тенденцией в жизни личности считал стремление к достижению самости. Типы, выделенные Юнгом, слишком широко известны, чтобы на них останавливаться подробно. Э. Шпрангер на основании теоретического конструкта «жизненные формы» выделил шесть главных культурно-психологических типов личности (жизненных форм), с учетом ценностной направленности, влияющей в последствии на структуру мотивов, восприятие реальности, взаимоотношения и стиль поведения человека: теоретический; экономический; эстетический; социальный; политический. При этом в духовном мире эстетического типа личности преобладают ценности художественной культуры, интерес к театру, музыке, живописи и проч.[25].

В свою очередь М. С. Каган обосновывал следующую типологию личности: Эрудит; Практик; Моралист; Для четвертого типа личности высшей ценностью является общение - Коммуникатор; Пятый тип – Художник, доминантой ценностных ориентаций для него является занятие искусством в различных формах – театр, музыка, живопись, дизайн и прочее [9].

Э.А. Голубева разводит характеристики двух типов индивидуальности: «Художники» - «Мыслители» по ряду критериев. При этом «Художников» отличает преобладание возбудительных процессов, сила и активированность нервной системы, чаще холерический темперамент, энергетическая активность, лучшая непосредственная память, более высокий уровень невербального интеллекта, музыкальные, коммуникативно-речевые, педагогические, артистические способности, экстравертированность, непроизвольная саморегуляция, склонность к деятельности в сфере - «человек», «природа), им характерно доминирование информационно-энергетических процессов. В свою очередь «Мыслителям» присущи: преобладание торможения, у них чаще встречается меланхолический темперамент, слабость нервной системы и ее инактивированность, лучшая опосредованная память, более высокий уровень вербального интеллекта, преобладание познавательных способностей: математических; когнитивно-лингвистических, склонность к деятельности в сфере - «техника», «знаки», рационалистичность, интровертированность, произвольная саморегуляция, доминирование информационно-регуляторных процессов [7].

Также многими авторами исследуется образ человека, занимающегося творческой деятельностью, описываются присущие ему личностные качества. Творческий тип личности – индивидуалисты, побочным продуктом деятельности которых является нечто полезное для общества. Люди этого типа самодостаточны, их главный интерес направлен на решение теоретических, научных или практических, технических, художественных проблем. Это любознательные, умные, активные, трудолюбивые и организованные в своем деле люди, независимые, уверенные в собственных силах, честолюбивые и нередко упрямые и критичные (H. Lefcourt, Р. Уайт, Р. Мартинсен, Ж. Пиаже, Д. Ландрам, М. Ксикзентмихалий, Дж. В. Гилмор, Г.С. Альтшулер, И.М. Верткин, Д.Б. Богоявленская, С.М. Дудина и др.) [11].

О.А. Кривцун отмечает специфику художников – романтиков, придававших огромную роль деятельности субъекта: с одной стороны, субъекту творчества, а с другой – субъекту восприятия. Романтики в культуре, по его мнению, обозначили переходный период, когда искусство, с одной стороны, набирает максимальную творческую высоту как самодостаточная творческая сфера, а с другой - вновь пытается выйти за пределы себя. «Художественное переживание, по мнению романтиков, свободно от заданных рамок, способно сообщить свободу и самодеятельность импульсам человека» [12, 205.].

Еще один тип человека, реализующегося во внешнем действии описан А. Маслоу. Это «самоактуализирующаяся личность» [14].

Конечно, одна из важнейших причин классификационного многообразия состоит в том, что человек – явление гораздо более сложное, чем растения и животные, и единая всесторонняя, всеохватывающая и подробная, исчерпывающая классификация людей едва ли возможна вообще. Недаром Г. Олпорт обосновывает, что можно сказать, что человек имеет ту или иную черту, но нельзя сказать, что он имеет тот или иной тип, - он подходит под тип или относится к типу. Позиция Олпорта по отношению к типологиям в целом довольно критическая. Типологий может быть сколько угодно, ведь любая типология основана на абстракции, выделении из целостной личности одного сегмента и проводит границы по одному отдельно взятому критерию [15, 10].

Из всех классификаций личностных черт наиболее популярной, общепризнанной в американской психологии ныне является так называемая «Большая Пятерка» теория факторного анализа черт, вобравшая в себя многие предыдущие таксономии (Г. Айзенка и др.) [19, 296]. Р. Кеттелл (1979) разработал теорию факторного анализа черт личности. При этом черту он определил, как единицу, имеющую прогностическую ценность, как «то, что определяет действия человека при столкновении с определенной ситуацией».

Если говорить о личности художника, то ему принадлежит особое место в культуре, культура каждого исторического периода формирует образ человека этого периода и несомненно, образ творческого человека также трансформируется. Причем понятие «образ художника» вообще встречается в литературе в разных значениях. В одних случаях – как синоним слову «автор», в других – в смысле самовыражения творческого «Я», в третьих – отождествляется с конкретным героем. Определяя образ художника как культурный тип, как целостное представление о нем, сложившееся в общественном сознании эпохи, следует учитывать диалектику соотношения общественного и индивидуального сознания. Представления о конкретном живописце содержат многоплановую информацию о художнике. Причем степень конкретности и глубины такого рода представлений резко колеблется у разных групп реципиентов – в зависимости от культуры восприятия, образовательного уровня, профессиональной ориентации и т.д. Закономерности воссоздания образа художника в целом подчиняются общим законам восприятия человека человеком, но есть в этом процессе свои особенности. Познание людьми друг друга начинается, как правило, с восприятия внешности, и уже на этом этапе возникают какие-либо предположения о качествах, чертах характера и т. д. При этом большую роль играют общие оценочные эталоны, сложившиеся на основе опыта общения с разными людьми, определенные установки, стереотипы восприятия [3, 16]. Формирование же образа художника протекает в иных условиях. Во многих случаях реципиент не располагает информацией, необходимой для конструирования образа. И все же, даже когда достаточная информация отсутствует, в результате восприятия продуктов творчества возникает этот образ, хотя и гипотетический. При этом реципиент реализует опыт особого рода – эстетический, проявляющийся при восприятии произведений искусства. В каждом периоде общественно-исторического развития образ художника может быть рассмотрен по меньшей мере в двух основных аспектах : в первом – как своего рода образ – эталон: обобщенное представление о художнике – творце как таковом, о его назначении, качествах, характеризующих именно тип творца в отвлечении от тех или иных индивидуальностей; во втором он может рассматриваться виде образов конкретно-исторических творческих феноменов, образов реально существовавших деятелей искусства. Конечно, такое разделение единой категории в известной мере условно, ведь в жизненной практике обе ипостаси образа художника взаимосвязаны. И все же дифференциация понятия «образ художника» на образы-эталоны и образы конкретно-исторических личностей оправдана. Такое различение позволяет полнее охарактеризовать реальный процесс восприятия того или иного субъекта творчества. Ведь вообще познание и оценка любого явления действительности предполагают соотнесение формируемого представления о нем с образом-эталоном, образом-идеалом. В качестве наиболее общего представления о художнике образ-эталон содержит своеобразную типологию личностных и творческих качеств, детерминируемых общественно-историческими требованиями эпохи, системой социальных, нравственных, эстетических, этических ценностей, т.е. в образе-эталоне пересекаются проекции различных форм общественного сознания. Различия между образом-эталоном и образом того или иного конкретного художника заключается и в следующем весьма важном обстоятельстве. Если в первом случае подразумеваются общие критерии оценки типа деятеля художественной культуры (т.е. культурного типа), то во втором восприятие и оценка того или иного художника представляет более сложный процесс: здесь действуют закономерности индивидуально-личностной рецепции. Значительное влияние на процесс формирования образа оказывает и тот факт, что личность большого художника, как правило, - явление неоднозначное, не умещающееся в схемах привычных стереотипов. Нужно учитывать противоречия личности, ее мировоззрения и жизненного поведения, случаи отступления от выдвинутых идеалов и так далее [23].

Вместе с тем, до настоящего времени не изученной остается проблема взаимовлияния, а точнее единства творческой и бытийной биографии художника, позволяющая осмыслить его как особый культурный и психологический тип. Всевозможные «странности» характера художника, его «аномалии» в обыденной жизни оставались уделом либо устных форм (предания, анекдоты), либо мемуарной литературы. Между тем феномен художника как особый культурный тип личности, предполагающий изучение скрытых, но прочных форм сопряженности творческого дара художника и его образа жизни, повседневного поведения, мотиваций действий – большая философская проблема [12, 183].

Е.М. Торшилова, М.З. Дукаревич попытались проследить взаимосвязь между типом мировосприятия в целом, характером эстетического художественного восприятия и структурой личности художника. В результате они выделили тип личности с нецелостным художественным восприятием, когда смысл изображаемого воспринимается вне формы. Восприятие при этом основано на случайно выхваченной детали изображаемого объекта. Данный тип художника отличается чувственно-эмоциональной слепотой. Другой, менее определенный тип подобного восприятия, приобретает переходные черты к разновидности типа, предполагающей восприятие формы вне смысла. Не обладая способностью образного видения, эти исследуемые оказываются «формалистами». Обоим данным типам свойственно рассудочное видение, ведущее к оценке однозначного, понятного, несложного. Анализ их личностной структуры свидетельствовал о том, что они принадлежат к мыслительному типу, выделенному И. Павловым. Две разновидности другого типа художественного восприятия базируются на способности личности к интегрированному мировосприятию, к гармонии чувства и разума при контакте с миром. Такое мировосприятие позволяет познавать эстетический объект как целостность, воспринимать его образную природу. Вторая разновидность данного типа личности, способна к целостному эмоционально-рациональному мировосприятию. Обе разновидности второго типа могут отличаться друг от друга культурой мышления и языка, но главная психологическая особенность их состоит в развитой эмоциональной реактивности, относительно равном развитии интеллекта и эмоциональной сферы личности. Они обладают как способностью к самоуглублению, формированию собственных позиций и мотивов деятельности, самоанализу, так и к суммированию и квалификации сигналов внешнего мира. Им свойственны потребности в участии в жизни окружающего мира и в активной деятельности [20]. Как известно, в основе данного исследования лежит подход И. П. Павлова к типологии личности, разделившего всех людей на два основных типа: мыслительный и художественный. В литературе можно встретить названия: «Образники» – «Логики» [6].

Распространенным стало мнение о художнике как вечном ребенке (Г. Честертон, К. Г. Юнг, П. Симонов и др.) свободнее, чем остальные использующем функции подсознания [11; 18, 36]. Настоящий художник – это всегда «чудо», уникальный феномен, обрушивающийся на нас неведомо откуда; в нем все запредельно обыденному; он не как все: и мыслит и чувствует иначе; знает то, что еще неведомо другим; творит нечто новое, небывалое. Исключительность, «избранность» художника как раз и заключается в его способности раньше и лучше других услышать вызов времени и, может быть, дать на него ответ. «Может быть» означает здесь, что «ответ» предполагает глобальные по масштабу трансформации не только в области искусства, но и шире – в культуре, в социальном бытии в целом. Как правило, это результат осознания и усвоения вызовов истории целым поколением, социумом. Художник же осуществляет гениальную задачу обнаружения, выведение из потаенности тех смыслов, которые еще недоступны большинству людей и потому как бы преждевременны. Именно эта «преждевременность» художника делает его непонятым, непризнанным, а его творения неприемлемыми для массового обывателя. Причем художник не просто осмысливает реалии своего времени, он интуитивно схватывает смысл происходящего. Этот смысл может и не совпадать с существующими социально-культурными стандартами, даже часто противоположен им. Отсюда и непонимание, неприятие художественного гения, драматизм и одиночество его существования. Смыслы, которые обнаруживает и выводит наружу художник, принадлежат иному, более глубокому по сравнению с обыденной социальной жизнью, уровню бытия. Они связаны с проблемами и ценностями экзистенциального характера и проясняются в процессе духовного трансцендирования [21, 25 – 29].

Подводя итоги рассмотрения различных типологий и классификаций личностей, можно заметить, что в основном они были построены либо на сопоставлении природных эмоционально-динамических особенностей индивидов (темпераменты), либо на обобщении различий приобретенных в культурном опыте личности - черт поведения (характеры), либо вообще на базе тенденций к тем или иным психопатологическим проявлениям (психотерапевтические типы), но все они характеризуют человека именно как индивида, не выделяя его сущностных типологических особенностей в его взаимодействии с другими людьми и с обществом в целом. И хотя попытки подобного рода мы прослеживаем у Э. Шпрангера и М. С. Кагана, тем не менее все эти типологии не являются полными.

Если же говорит о творческой личности вообще и в сфере изобразительного творчества, в частности, то, несомненно, что творческая индивидуальность настолько многогранна и своеобразна, что вместить ее в рамки какой – то одной типологии, вряд – ли возможно. Вместе с тем, можно согласиться с В.И. Андреевым, что творческая личность это такой тип человеческой индивидуальности, для которой характерна устойчивая высокого уровня направленность на творчество, мотивационно – творческая активность, проявляющаяся в органическом единстве с высоким уровнем творческих способностей, позволяющих ей достигнуть прогрессивных, социально и личностно значимых творческих результатов в одном или нескольких видах деятельности [2].

Современная культура представила трансформацию образа художника, те его черты, которые демонстрировала новоевропейская культура до рубежа XIX – XX вв., оказались измененными. Составляющие образа художника, которые были представлены романтической эстетикой, (художник как безумец, враждующий с обществом человек, демоническая личность) становятся неактуальными в эпоху, в которой нет четкого определения о хорошем и плохом, высоком и низком. Изменились способы самоактуализации и самопрезентации творческой личности в культуре, ее ценностные ориентации и проч. И это несомненно наложило отпечаток на культурную типологию современного художника. Обнаружение этих особенностей, а также попытка сравнительного анализа современного и исторического образа художника в аспекте гендерного подхода, безусловно, представляет большой интерес для научного исследования [21, 111 – 113]. Системный подход к гендерной типологии современного художника и попытка сравнительного анализа с субъектом творческой деятельности в сфере изобразительного творчества рубежа XIX – XX веков потребовал от нас анализа культурно-исторической ситуации конца XIX – начала XX веков и исследования социокультурной сущности «человека творческого», использования культурно-антропологического, субъектно-деятельностного и гендерного подходов, метода анкетирования и методики психосемантического дифференциала для анализа представлений о творческой личности, сложившихся о ней в современной российской культуре и ее самооценки, методик, направленных анализ личностных характеристик (методика Р. Кеттелла и психосемантического дифференциала); анализ особенностей гендерной идентичности (методика С. Бем) и др.

Проведенное нами исследование тридцати мужчин и женщин-художников с использованием опросника С. Бем, направленного на выявления у субъекта творческой деятельности преобладающих гендерных характеристик: маскулинности, фемининности, андрогинности, показало, что в 73% случаев у мужчин выявлена андрогинность, в 17% случаев – маскулинность и в 10% случаев наблюдается проявление фемининности. Среди женщин выявлены: андрогинность – 80 %, маскулинность и фемининность в 10% случаев соответственно. В свою очередь, интерпретация результатов исследования субъекта деятельности в изобразительном творчестве по методике 16-ти факторного личностного опросника Р.Б. Кеттеллла показала отличия мужского и женского гендеров лишь по пяти факторам. У мужского гендера тенденция к высокой оценке наблюдается по фактору N (N «+» искусственность – N «–» безыскусственность) и фактору О (О «+» склонность к чувству вины О «–» – не склонность к чувству вины). Согласно полученным данным можно говорить о наличии таких психологических особенностей как проницательность в отношении других людей, честолюбие, эстетическая изощренность, мужчины-художники предпочитают общение с утонченными людьми (N = 6 стенов). Данные личности склонны к размышлениям в одиночестве, недооценивают свои возможности, знания и способности, а их поведение и настроение сильно зависит от одобрения и неодобрения окружающих. Они легко подвергаются различным страхам и тяжело переживают жизненные неудачи (O = 6 стен). Вместе с тем у женщин, как по фактору N = 5 ст., так и фактору O = 5 ст. наблюдается тенденция к низким результатам, а следовательно совершенно противоположным личностным характеристикам, чем у мужчин. Женщинам присуща тенденция к прямолинейности, меньшая скованность правилами и стандартами общества, им трудно логикой обуздать свои чувства. Они довольно чувствительны и сентиментальны. Они легко переносят жизненные неудачи, верят в себя, менее чем мужчины склонны к страхам и самоупрекам.

Также отличие в личностных характеристиках между мужским и женским гендером выявлены по фактору **E** (E «+» доминантность – E «–» комформизм), (7 ст. у женщин и 5 ст. у мужчин), что говорит о присущих женщинам стремлении к самоутверждению, самостоятельности и независимости. Они игнорируют социальные условности и авторитеты, агрессивно отстаивают свои права на самостоятельность, склонны действовать энергично и активно, им нравится принимать «вызовы» и чувствовать превосходство над другими. Мужскому же гендеру, в свою очередь, присущи зависимость, руководство мнением окружающих, неверие в себя и свои возможности.

Кроме того отличаются, хотя и незначительно, результаты по фактору **C** (C «+» Сила «Я» – C «–» – слабость»Я»): (тенденция к высоким результатам у женщин и к низким у мужчин (6 ст. у женщин и 5 ст. у мужчин). Это говорит о том, что женский «творческий гендер» можно рассматривать как эмоционально зрелый и хорошо приспособленный, отличающийся силой «Я». Женщины способны достигать своих личных целей без особых трудностей, смело смотрят в лицо фактам, хорошо осознают требования действительности. В свою очередь, у мужчин имеется тенденция к нехватке энергии, беспомощности и усталости. Они неспособны справляться с жизненными трудностями, имеют беспричинные страхи, беспокойный сон и обиды на других. Они плохо способны контролировать свои эмоциональные импульсы и выражать их в социально допустимой форме. Незначительное отличие отмечается по фактору **F** (F «+» – жизнерадостность – F «–» – пессимизм = 7 ст. у женщин, 6 ст. у мужчин), у женщин – высокий результат, у мужчин – тенденция к высокому результату). Это свидетельствует о том, что женщинам присущ оптимистичный характер, они легко относятся к жизни и верят в удачу. Они часто бывают находчивы и остроумны в разговоре, получают удовольствие от работы, предполагающей разнообразие, перемены, путешествия. В свою очередь мужчинам также присущи эти характеристики, но в менее выраженной степени.

Сходство как мужчин, так женщин обусловлены практически всеми остальными личностными характеристиками. Так абсолютно одинаковые результаты получены у тех и других по факторам **A** (A «+» – аффектотимия (доброта – сердечность) – А «–» – шизотимия (обособленность – отчужденность) = 5 ст; **H** (H «+» – смелость – H «–» – робость = 7 ст.); **L** (L «+» – подозрительность – L «–» – доверчивость = 4 ст.); **M** (M «+» – мечтательность, оригинальность – M «–» – практичность = 6 ст.); **Q-4** (Q-4 «+» – фрустрированность (напряженность) – Q-4 «–» – нефрустрированность (расслабленность) = 5 ст.) Результаты по данным факторам свидетельствуют о том, что и мужчинам, и женщинам, присущи несклонность к аффектам, они внешне холодны и формальны в контактах, не интересуются жизнью окружающих, любят трудиться в одиночестве, предпочитают общение с книгами и вещами, не склонны идти на компромиссы (фактор А). В делах у них имеется тенденция к точности и обязательности, но недостаточная гибкость. Они (фактор Н) имеют тягу к риску, склонны быстро принимать решения, которые необязательно являются правильными, быстро забывать о неудачах, не делая надлежащих выводов, они беззаботны и доверчивы, имеют эмоциональные и художественные интересы. Считают (фактор L) всех людей добрыми и хорошими, не ожидают от окружающих враждебности, независтливы и не стремятся к конкуренции, бескорыстны. Им присущи (фактор М) богатство воображения, поглощенность собственными идеями и фантазиями, напряженность внутреннего мира, интерес к искусству, мировоззренческим проблемам. Их отличает тенденция к расслабленности (фактор Q-4), они удовлетворяются любым положением дел и не стремятся к достижениям.

Кроме того, сходство характеристик отмечается и по всем остальным факторам, хотя показатели у мужского и женского гендера несколько отличаются, но вместе с тем, относятся у тех и других, к отрицательному или положительному значению (низкие или высокие результаты): (В «+» высокий интеллект – В «–» – низкий интеллект = 5 ст. у женщин, 3 ст. у мужчин); (G «+» – сила «сверх-Я» - G «–» – «слабость сверх-Я» –фактор моральной регуляции поведения = 7 ст. у женщин и 6 ст. у мужчин); (I «+» – мягкосердечие - I «–» – суровость = 4 ст. у женщин и 5 ст. у мужчин) (Q-1 «+» – радикализм – Q-1 «–» – консерватизм = 5 ст. у женщин, 4 ст. у мужчин); (Q-2 «+» – самостоятельность – Q-2 «–» – зависимость = 3 ст. у женщин, 2 ст. у мужчин); (Q-3 «+» контроль желаний - Q-3 «–» – импульсивность = 5 ст. у женщин и 4 ст. у мужчин). По фактору B нами получены средние значения у женщин и низкие – у мужчин. Вместе с тем, если обратиться к теоретическому анализу к первой главы нашего диссертационного исследования и установленным многими исследователями влияния высокого интеллекта на креативность, то указанные выше результаты могут свидетельствовать о склонности личности не к интеллектуальной деятельности, а к творческой, в связи с более высоким уровнем креативности, а не интеллекта. Причем по уровню показателя у мужчин и женщин можно предположить наличие более выраженной креативности у мужского гендера. По фактору G (сила «сверх-Я» - «слабость сверх-Я» – фактор моральной регуляции поведения) в группе женского гендера – высокая оценка, у мужского – тенденция к высокой (7 и 6 ст. соответственно). Это говорит о том, что творческие личности обоих гендеров добросовестны, глубоко порядочны, не потому, что это может оказаться выгодным, а потому, что не могут поступить иначе по своим убеждениям. Они настойчивы и упорны в деятельности. У мужчин по фактору I (мягкосердечие – суровость) наблюдается тенденция к низкому результату (5 стенов), у женщин - низкая оценка (4 стена). Низкий показатель по данному фактору свидетельствует о том, субъектам нашего исследования, независимо от гендера, присущи мужественность, стойкость, их можно характеризовать, как независимых, придерживающихся собственной точки зрения, склонных принимать на себя ответственность. Свойственная им чёрствость иногда может доходить до степени цинизма. По фактору Q-1 (радикализм – консерватизм) (5 ст. у женщин, 4 ст. у мужчин). Низкие показатели по данному фактору свидетельствуют о том, что и мужчины, и женщины-художники склонны к нравоучениям и морализации (в некоторой степени больше женщины), не склонны проявлять инициативность. По фактору Q-2 (самостоятельность – зависимость) наблюдаются низкие оценки (3 стена у женщин, и 2 стена у мужчин). Исходя из полученных результатов, можно сделать вывод, что, как мужскому, так и женскому гендеру присуща несамостоятельность, нуждаемость в поддержке и одобрении окружающих. Они могут легко попадать под влияние плохих компаний и иметь неприятности с законом. По фактору Q-3 (контроль желаний – импульсивность) низкие показатели 5 ст. у женщин и 4 ст. у мужчин указывают на плохой самоконтроль, особенно над желаниями. Им, (особенно мужчинам), сложно придать своей энергии конструктивное направление, не расточать ее, они не умеют организовывать свое время и порядок выполнения дел. Как мужчинам, так и женщинам сложно адаптироваться в большой корпоративной и управленческой иерархии.

Учитывая, что гендер – сложный социокультурный конструкт, проявляющийся различиями в поведенческих ролях, ментальных и эмоциональных характеристиках между «мужским» и «женским», конструируемыми обществом и культурой, обнаруживая в культурной идентичности творческой личности переплетение и определенное сочетание мужских и женских личностных характеристик, можно утверждать, что творческая личность в сфере изобразительного творчества является особой культурно-антропологической реальностью, стремящейся снять социально-культурную оппозицию понятий «мужское – женское» и приобретающей в процессе формирования культурной идентичности взаимодополняющие гендерные характеристики маскулинности – фемининности, способствующие становлению андрогинного типа личности.

Литература:

1. Ананьев, Б. Г. О проблемах современного человекознания. М.,1977, 247с.
2. Андреев, В.И. Диалектика воспитания и самовоспитания творческой личности / В.И. Андреев. – Казань: Изд-во Казанского ун-та, 1988. – 237 с.
3. Бодалев, А.А. Восприятие человеком человека. Л., 1965;
4. Брушлинский А.В. Проблемы психологии субъекта. М., 1994.
5. Большунова, Н.Я. Субъектность как социокультурное явление и квинтэссенция индивидуальности / Н.Я. Большунова //Личность и бытие: субъектный подход / материалы научной конференции 15-16 октября 2008 / Отв. ред. А.Л. Журавлев, В.В. Знаков, З.И. Рябикина. – М.: 2008. – 608 с.
6. Галин, А. Личность и творчество. Психологические этюды., Новосибирск, Новосибирское книжное изд-во, 1989. – 126 с.
7. Голубева Э. А. Типологический и измерительный подходы к изучению индивидуальности: от Оствальда и Павлова к современным исследованиям/Э. А. Голубева//Психологический журнал, Т. 10., № 1, - 1995.
8. Додонов Б. И. В мире эмоций/науч. ред. Я. Л. Коломинский. К.: Политиздат, 1987. – 140 с.
9. Каган М. С. Философия культуры. СПб., 1998., 448 с.
10. Кононенко Б.И. Большой толковый словарь по культурологии/ Кононенко Б. И. – М.: Мир, 2003. – 512 с.
11. Коноплева Н.А. Гендерные основания творческой деятельности и человека творческого в культуре: дис. д-ра культурологии: (24.00.01) / Н.А. Коноплева. – Владивосток, 2012. – 487 с.
12. Кривцун О. А. Творческое сознание художника. – М.: Памятники исторической мысли, 2008. – 376 с. ил., С. 183
13. Личность и бытие: субъектный подход/материалы научной конференции, посвященной 75-летию со дня рождения члена-корреспондента РАН А.В. Брушлинского, 15-16 октября 2008 г./ Отв. ред. А.Л. Журавлев, В.В. Знаков, З.И. Рябикина. – М.: Изд-во «Институт психологии РАН», 2008. – 608 с., С. 31 - 36.
14. Маслоу А. Психология бытия. – М., 1997.
15. Олпорт Г. Становление личности: Избранные труды. – М.: Смысл, 2002. – 462 с.

16. Познание человека человеком(возрастной, гендерный, этнический и профессиональный аспекты) / Под ред. А.А. Бодалева, Н.В. Васиной. – Спб.: Речь, 2005. – 324 с.
17. Розин В.М. Личность как учредитель и менеджер «себя» и субъект культуры//Человек как субъект культуры/Отв. ред. Э.В. Сайко М.: Наука, 2002. – 445 с., С. 44 – 53
18. Симонов П. «Сверхзадача художника в свете психологии и нейрофизиологии//Психология процессов художественного творчества. Л., 1980. С. 36.
19. Теории личности: познание человека/С. Клонингер. СПб.: Питер, 2003. – 720 с., С. 296.
20. Торшилова, Е.М., Дукаревич, М.З. Художественное восприятие живописи и структура личности/ Е.М. Торшилова, М.З. Дукаревич//Творческий процесс и художественное восприятие. Л.: Наука, 1978.
20. Философские проблемы художественного творчества: Сб. ст. – Саратов: Саратовская государственная консерватория имени Л.В. Собинова, 2005. – 148 с.
21. Фуко М. Что такое просвещение // Вопросы методологии. 1996. № 12.
22. Художественное творчество Вопросы комплексного изучения/1982., Ленинград «Наука» Ленинградское отделение. – 1982.
23. Чебанюк Т. А. Методы изучения культуры: Учебное пособие. – СПб.: Наука, 2010. – 350 с., С. 83
24.SprangerE.Lebensformen.GeistwissenschaftlichePsychologie.Halle1914.www.psychologuide.ru/index.pxp/f/1893-formy-zhzni-lebensformen-e-spranger; dic.academic.ru/dic.nsf/enc_philosophy/3719/ШПРАНГЕР.

Kushnirenko Inesa
PhD, senior researcher, department of gastroduodenal diseases, dietology and dietotherapy, SI «Institute of Gastroenterology NAMS of Ukraine», Dnepr
inessa_mail@mail.ru

THE CONDITION OF CYTOKINE BALANCE IN PATIENTS WITH MUCOSAL CANDIDOSIS IN UPPER PART OF DIGESTIVE TRACT

Introduction. Study of cytokine status of patients is important and necessary, that regulate all possible stages of immunological response to pathogen. It presents the necessity of its study. Factors of Candida albicans in the lumen of gastrointestinal tract are changes of the balance of intestinal flora, innate and adaptive immunity, and for the development of candidiasis in the mucosa of the upper part of gastrointestinal tract presents important interaction between infection and epithelial cells as it was shown by investigations in vitro [1, 2]. But changes in cytokine status which occur in patients with candidiasis of mucosa of the upper part of gastrointestinal tract have not studied yet, so the aim of our investigation was to determine the level of interleukins (IL)-8, IL-4, IL-6, IL-1β and tumor necrosis factor (TNF)-α in patients with defined pathology.

Methods and Materials. 62 patients were involved in this examination who were divided into three groups according to the results of microbiologic examination: the first group contained 29 patients with the fourth stage of massiveness of fungi contamination Candida albicans, with oropharyngeal candidiasis, and surface growth of fungi in the material from the mucosa of esophagus and/ or stomach; the second one contained 26 patients with invasive growth of fungi Candida in the mucosa of the esophagus or /and stomach; the third one included 7 patients without oropharyngeal candidiasis and without fungi growth in biopsy materials. The first subgroup 1A included 5 patients of the first group with surface growth of fungi in biopsy materials of the esophagus or /and stomach. A criterion of elimination from the investigation was the presence of HIV-positive status. In blood serum, the level of IL-1β, IL-4, IL-6, IL-8, tumor necrosis factor (TNF)-α was determined by the method of qualitative immunoenzymatic analysis. Control group contained 15 practically healthy people. Statistic analysis was done by using Pearson $\chi2$ criterion, Fisher's exact test, (F), Student's t-criterion. Correlation analysis with Pearson correlation coefficient for (r) parametric meaning and Spearman for nonparametric ones (ρ) was used.

Results. Results of cytokines analysis were presented in the table 1.
So, the level of tumor necrosis factor (TNF)-α which plays an important role in the formation of acute inflammatory reaction, stimulating the synthesis of acute phase of proteins and is synthesized by promoted Th-1 type, in patients of

three groups was equal and ranged in some cases and did not differ from control level.

Table 1.
The level of blood serum of examined patients (M±m)

Cytokine content, pg/ml	Control (n=15)	The first group (n=29)	The second group (n=26)	The third group (n=7)
TNF-α	22,90±3,30	48,64±19,49	24,17±7,83	26,92±24,81
IL-1β	1,61±0,22	6,81±2,63*	2,62±0,58	2,77±1,97
IL-8	26,01±2,62	69,26±14,47**	73,50±17,55**	67,48±40,66
IL-4	4,59±0,32	1,54±0,14***	1,37±0,14***	1,52±0,38***
IL-6	9,70±2,24	11,68±4,29	10,44±3,80	5,03±1,69

Notes: * – p<0,05 – is accuracy of the difference in comparison with control group, ** – p<0,01 – accuracy of the difference in comparison with control; *** – p<0,001 – accuracy of the difference in comparison with control.

The level of other pro-inflammatory cytokine IL-1β, which presents acute phase protein and is a factor of the system of innate immunity, was increased in the first group in 4,2 in comparison with control (p<0,05), but it did not differ accurately from the meanings of the second and the third group, although it exceeded medial meanings in 2,6 and 2,5 (p>0,05) and (p>0,05), correspondingly. Correlation analysis demonstrated the presence of direct correlation of IL-1β content increase as with the presence of Candida albicans on the surface of the esophagus (r=0,463; p=0,030), as with qualitative and quantative peculiarities of the invasive fungi growth in the mucosa of the esophagus (r=0,338; p=0,034) and (r=0,504; p=0,009).

For analysis of immune status it is important to study the level of pro-inflammatory cytokine IL-8, which is the part of chemokines the task of which is to stimulate adhesion of neutrophils, macrophages, eosinophiles to endothelium, induction of transendothelial migration to the affected area and stimulation of phagocytosis. We observed the increase of activity of IL-8 in two groups with tumor necrosis factor (TNF) and superficial candidiasis and fungi invasion in the mucosa independently from the level of TNF-α and IL-1β, so the level of last ones was permanent for TNF-α, and temporal for excessive activation of IL-1β. Concentration of IL-8 in the first and the second groups increased in 2,7 and 2,8 times, in comparison with (p<0,01) and (p<0,01), correspondingly. In the third group the level of cytokine ranged in some cases that did not give it accuracy neither control, nor candidiasis groups. The increase of IL-8 level is associated with the decrease the stage of the growth Candida albicans in biopsies of the stomach body (r= -0,782; p=0,002) and the decrease of their concentration in gastric juice (r= -0,432; p=0,045).

Other cytokine IL-6 is also pro-inflammatory. Its synthesis occurs in the area of macrophages zone inflammation, T- and B-lymphocytes, endothelial cells. It stimulates the synthesis of pro-inflammatory proteins, activates CD4+ and CD8+, and is able to induce adaptive immune response to Th-17 type. Our patients did not observe changes of IL-6 level, in comparison with the increase of IL-8 level. Its concentration did not differ from the control and between groups.

IL-4, is anti-inflammatory cytokine so called B-cell stimulating factor that is produced by activated parts of Th-2 type, in patients of all three groups it was decreased in 3,0, 3,3 and 3,0 in the first, the second and the third groups correspondingly ($p<0,001$), ($p<0,001$) and ($p<0,001$). Decrease of IL-4 correlates the increase of massiveness of fungi contamination by Candida in the tongue scrape ($r= -0,392$; $p=0,015$).

We detected interesting differences when we analyzed changes of cytokine status in the 1A subgroup of patients with superficial candidiasis of the mucous membrane of the upper part of gastrointestinal tract, results of which are presented in table 2.

Table 2.
The level of cytokines in blood serum of patients depending on the depth of mucous membrane damage (M±m)

Cytokines content, pg/ml	Control group (n=15)	Subgroup 1A (n=5)	The second group (n=26)	The third group (n=7)	p1
TNF-α	22,90±3,30	143,22±59,39	24,17±7,83*	26,92±24,81	$p<0,01$
IL-1β	1,61±0,22	22,56±20,30	2,62±0,58	2,77±1,97	$p>0,05$
IL-8	26,01±2,62	178,10±50,02	73,50±17,55*	67,48±40,66	$p<0,01$
IL-4	4,59±0,32	1,14±0,36	1,37±0,14	1,52±0,38	$p<0,001$
IL-6	9,70±2,24	44,16±16,72	10,44±3,80*	5,03±1,69*	$p<0,05$

Notes:
1. p1 – is accuracy of the difference of indices of 1A subgroup in comparison with control;
2. * – $p<0,05$ – is accuracy of the difference with 1A subgroup; ** – $p<0,01$ – is accuracy of the difference with 1A subgroup ; *** – $p<0,001$ – is accuracy of the difference with 1A subgroup.

Presented data showed the level of pro-inflammatory TNF-α in patients with superficial candidiasis was increased in comparison with control in 6,2 times ($p<0,01$), and in 5,9 times – in comparison with patients with the invasion of fungi in mucosa ($p<0,05$). Concentration of IL-1β was increased but it ranged in very big lines. Level of IL-8 was significantly increased and exceeded in control group in 6,8 times ($p<0,01$) and in group with the invasion in 2,4 times ($p<0,05$). The peculiarity of patients of this group is in 4,5 increased induction of IL-6 synthesis in comparison with control (p<0,05) and in 4,2 in comparison with the group of invasive candidiasis (p<0,05), induction of IL-6 is dependent from the level of TNF-α, as it was showed by direct correlation link between these cytokines (r=0,496; p<0,001). It was not the increase of activity of IL-4 in the subgroup 1A, which was decreased in four times in comparison with control (p<0,001).

Interpretation complexity of correlation analysis is determined by complex ways of cytokine regulation of immune response. Major part of them is able to potentiate each other, but in other cases they can suppress each other. Parts of mechanisms can reversible process when the excess of synthesis of one cytokine can be suppressed by other one, which it stimulates. Such balance is necessary for balanced immune response.

So, correlation analysis defined the presence of direct correlation of increase of IL-1β level with the concentration of IL-8 (r=0,284; p=0,027) and IL-6 (r=0,326; p=0,010), but in our patients significant increase IL-8 was observed without increase of IL-1β, that determines significant role of antigen stimulation by fungi Candida of endothelial cells for IL-8 activation. IL-8 correlates directly with IL-6 (r=0,696; p<0,001), TNF-α (r=0,590; p<0,001) and negatively IL-4 (r= -0,322; p=0,011). But examined patients with candida infection had IL-8-dependent activation of IL-6 and TNF-α only in patients with superficial candidiasis, and it was absent in patients with invasion of fungi Candida in the mucosa. Negative correlation of IL-8 and IL-4 was present because it was the increase of the last based on IL-8 increase. Received information confirms the role of endothelial cells in initiation of immune response to the response of contact with antigens Candida albicans, that coincides with literature received during investigation of endothelial cells in vitro [3, 4].

Further correlation analysis showed the importance of cytokine part of regulation in correlation of macroorganism with the pathogen. So, the decrease of activation IL-4 is directly associated with the decrease of CD3+ (r=0,395; p=0,009) and CD4+ (r=0,282; p=0,029), and also with the concentration of secretory IgA in saliva (r=0,447; p=0,042). IL-8 increase had negative link with the level of CD4+ (r= -0,293; p=0,023) and concentration of secretory IgA (r= -0,443; p=0,044). Such results define that decrease of T-cell and humoral link of adaptive immune response is accomplished by the absence of activation of antiinflammatory IL-4, and also excessive activation of pro-inflammatory chemokine IL-8. Direct correlation link of IL-6 and CD3+ (r=0,324; p=0,011) and negative from CD22+ (r= -0,263; p=0,042) determines the importance of increase of pro-inflammatory cytokine IL-6 to intensify T-cellular response and inhibition of B-lymphocytic, that occurs in patients with superficial candidiasis in contrast to patients with invasion. TNF-α activation also negatively affects the level of B-lymphocytes (r= -0,266; p=0,040), that defines the importance of balanced immune response to pathogen.

Discussion. The principle of the identified imbalance in the regulation of cytokines can be explained, based on the received information recently according to the role of Toll-like receptors (TLR) in the development of the immune response. It is known that TLR are synthesized in the epithelial cells depending on antigenic determinants of the pathogen. It is important to form the response to antigens of Candida albicans synthesis of TLR2 or TLR4type. In its turn, the principle of the signals from the TLR determines the type of cytokine secretion during infection and the formation of responses of the adaptive immune system [5]. It is shown that the TLR2-dependent activation of mast cells primarily induces the synthesis of TNF-α, IL-4, IL-6, and TLR4-dependent – activates the synthesis of TNF-α, IL-1β, IL-6, but not IL-4.

Activation of TLR4-dependent contributes to the development of the adaptive immune response to Th-1 type and prevents the development of allergic reactions. Patients with superficial candidiasis have increased level of in TNF-α and IL-6 without increase the IL-4 level, but in patients with invasive candidiasis we observed the absence of activation of TNF-α and IL-6, which responses to the formation of immune response, and probably indicates unfavorable course of infection.

It was contradictory the decrease of IL-4, which is stimulating of B-cell immune response, according to literature, synthesis switching by B-lymphocytes from IgG into IgE which is secreted by Th-2 type [5]. We observed the increase of IgE synthesis, which can be explained by TLR2-associated by the character of immune response with the synthesis increase of IL-4, but such increase we did not observe and detect. It is possible IgE synthesis and stimulation of IgE-produced B-lympocytes occurs in other way.

Conclusions.
1. Thus, changes in cytokine part of immune regulation are observed when patient has candidiasis, more noticeable changes are in patients with invasion Candida albicans in mucosa of the upper region of gastrointestinal tract.
2. Patients with candidiasis of the mucosa of the upper part of gastrointestinal tract both superficial and invasive the increased content of IL-8 in 2,7 and 2,8 was observed in comparison with control ($p<0,01$) and ($p<0,01$) and the decrease of IL-4 level in 3,0 and 3,3 in comparison with control group ($p<0,001$) and ($p<0,001$), correspondingly.
3. The decrease of IL-4 is associated with increase in the stage of massiveness of fungi contamination Candida albicans of oropharyngeal area ($p<0.05$) and increase in IL-8 with the growth of fungi in biopsies of the body of the stomach ($p<0.01$) and decrease of their concentration in the gastric juice ($p<0.05$).
4. Patients with superficial candidiasis have greater activation level of the TNF- α 5.9 times ($p<0.05$), the level of IL-8 in 2.4- ($p<0.05$) and IL-6 in 4.2

(p<0.05), compared with patients with invasion of the fungi in the mucosa. This fact differs one group of patients from another.

References

1. Moyes D. L., Naglik J. R. (2011). Mucosal Immunity and Candida albicans Infection. Clinical and Developmental Immunology, Vol. 2011, Article ID 346307, 9 p. doi:10.1155/2011/346307.
2. Tang S.X., Moyes D.L., Richardson J.P., Blagojevic M., Naglik J.R. (2016). Epithelial discrimination of commensal and pathogenic
3. Candida albicans. Oral Diseases, 22 (Suppl. 1), p. 114–119 doi:10.1111/odi.12395.
4. Ali A., Rautemaa R., Hietanen J., Järvensivu A., Richardson M., Konttinen Y.T. (2006) Expression of interleukin-8 and its receptor IL-8RA in chronic hyperplastic candidosis. Oral Microbiol Immunol., 21 (4), p.223-230. doi: 10.1111/j.1399-302X.2006.00280.x.
5. Rast T.J., Kullas A.L., Southern P.J., Davis D.A. (2016). Human Epithelial Cells Discriminate between Commensal and Pathogenic Interactions with Candida albicans. PLoS One, 18; 11 (4) :e0153165. doi: 10.1371/journal.pone.0153165.
6. Ахматова Н., Киселевский М. (2012). Врожденный иммунитет противоопухолевый и противоинфекционный, Практическая Медицина, 256 с.

Кнышова Л. П.[1,2], **Яковлев А.Т.**[1]
[1] ФГБОУ ВО «Волгоградский государственный медицинский университет Минздрава России»;
[2] Волгоградский медицинский научный центр, г. Волгоград.
e-mail: knyshova-liliya@inbox.ru

РОЛЬ ЭНДОГЕННОЙ ИНТОКСИКАЦИИ В НАРУШЕНИИ ГОМЕОСТАЗА ОРГАНИЗМА ЧЕЛОВЕКА ПРИ АЛКОГОЛЬНОЙ ИНТОКСИКАЦИИ

Основной причиной большинства заболеваний является нарушение кислотно-щелочного равновесия, то есть гомеостаза. С точки зрения химической биофизики гомеостаз – это состояние, при котором все процессы, ответственные за энергетические превращения в организме, находятся в динамическом равновесии. Это состояние обладает наибольшей устойчивостью и соответствует физиологическому оптимуму. Любое вмешательство в гомеостаз организма влечет за собой изменения его биологического состояния[1, 4].

Среди множества причин, вызывающих изменение нормального гомеостаза, одно из главных мест принадлежит эндоинтоксикации [2, 3]. Согласно сложившемуся представлению, под эндогенной интоксикацией (ЭИ) понимают состояние, обусловленное деструктивными процессами, в результате которых в жидкостях и тканях организма накапливаются промежуточные и конечные продукты нормального обмена веществ, а также продукты нарушенного метаболизма соединительной ткани, компоненты деградации ее нормальных структур, продукты жизнедеятельности бактерий и антигены, в нефизиологических концентрациях оказывающие токсическое влияние и вызывающие дисфункцию различных органов и систем [3, 7].

Этиловый спирт обладает выраженным токсическим потенциалом по отношению к различным органам и тканям организма. В токсикогенной стадии острого алкогольного отравления закономерно развиваются серьезные расстройства гомеостаза, проявляющиеся преимущественно нарушениями водно-электролитного баланса и кислотно-основного состояния. Так, нарушения водно-электролитного состояния, в ранние сроки интоксикации обусловлены многократной рвотой (центрального генеза, вследствие поражения желудка и поджелудочной железы и т.д.), что приводит к потере жидкости, электролитов и развитию гипо-и нормотонической дегидратации. Нарушения кислотно-основного состояния в эти сроки проявляются метаболическим или смешанным ацидозом (при снижении альвеолярной вентиляции, вследствие угнетения дыхательного центра, увеличения «мертвого пространства» и аспирации), однако позднее возможно развитие гипохлоремического метаболического алкалоза. Таким образом, первичное поражение систем детоксикации в результате непосредственного влияния этанола, а также их вторичное поражение токсическими продуктами извращенного метаболизма приводят к изменению гомеостаза. Метаболизм этанола в организме сопровождается образованием такого промежуточного продукта окисления как ацетальдегид, также негативно влияющего на функции всех жизненно важных органов [6, 2]. Данные нарушения лежат в основе развития СЭИ, который не только усугубляет течение наркологического заболевания, но может приобретать самостоятельное значение, представляя для организма большую опасность, нежели первичный процесс, его обусловивший [7, 350].

Изучение последовательности процессов, порождаемых патологическим воздействием этанола на организм, позволяет выявить структурно-функциональные нарушения, вызванные таким взаимодействием ведущие к необратимым изменениям функции систем жизнедеятельности организма. Знание этих процессов позволяет клиницистам правильно поставить диагноз, стабилизировать и восстановить гомеостаз, составить прогноз и правильный план лечения. Неадекватные лечебные и реанимационные мероприятия усугубляют тяжесть состояния больного, нарушают гомеостаз [4, 10; 8, 402]

Таким образом, изучение нарушения гомеостаза организма при алкогольной интоксикации, является прямым объектом исследования, что обуславливает предотвращение клинических ошибок в лечении и диагностике алкогольной болезни.

Литература:

1. Анненкова А.Б. Роль эндогенной интоксикации в нарушении гомеостаза организма человека при хронических дерматозах [Электронный ресурс] : Диссертация кандидата биологических наук. Нижний Новгород, 2006.-С. 4-9.
2. Бадинов, О.В. Современные представления о патогенезе эндотоксикоза посттравматического генеза / О.В. Бадинов, В.Д. Лукъянчук, Л.В. Савченкова // 2003. -№4.-с 3-5.
3. Корякина, Е.В. Особенности патогенетических механизмов эндогенной интоксикации у больных ревматоидным артритом./ Е.В. Корякина, С.В. Белова // Научно-практическая ревматология. 2001.- №1. - С. 5-10.
4. Огурцов П.П. Скрытые потери здоровья населения и бюджета здравоохранения РФ от хронической алкогольной интоксикации (алкогольной болезни) //Алкогольная болезнь. 1998. - № 6. - С.8-20.
5. Пауков В.С. Учеб. для мед. училищ и колледжей / В. С. Пауков, Н. К. Хитров. - 2-е изд., стер. - Москва : Медицина, 1995. – С. 350.

6. Управление федеральной службы по надзору в сфере защиты прав потребителей и благополучия человека по Волгоградской области «Анализ динамики наркоманией, хронического алкоголизма и алкогольных психозов по показателям социально-гигиенического мониторинга (информационно - аналитический бюллетень)» – Волгоград, 2013. – С. 1-13.
7. Яковлев М.Ю. Роль кишечной микрофлоры и недостаточности барьерной функции печени в развитии эндотоксинемии и воспаления //Казанский мед.журн. 1988. -№ 5. - С.353-358.
8. Feraandes-Sola J., Junyent J., Urbano-Marquez A. Alcoholic myopathies. //Current opinion in Neurology. 1996. - N 9. - P.400-405.

Селезнева Н.С. [1], **Малюжинская Н.В.** [2], **Петрова И.В.** [3]

[1]аспирант кафедры детских болезней педиатрического факультета, [2]Д.м.н., доцент, заведующий кафедрой детских болезней педиатрического факультета,

[3]к.м.н., доцент кафедры детских болезней педиатрического факультета
Волгоградский государственный медицинский университет

ОЦЕНКА РЕЗУЛЬТАТОВ МИКРОБИОЛГОЧЕСКОГО МОНИТОРИНГА У НОВОРОЖДЕННЫХ ДЕТЕЙ С ИНФЕКЦИОННО-ВОСПАЛИТЕЛЬНЫМИ ЗАБОЛЕВАНИЯМИ НА ТЕРРИТОРИИ ВОЛГОГРАДСКОЙ ОБЛАСТИ

Анализ данных бактериологического мониторинга у новорожденных с инфекционно-воспалительными заболеваниями, поступивших из родильных домов, указывает на преобладание Грамм (-) флоры, также выявлено увеличение ее распространенности в 1,35 раза. В этиологической структуре Грамм (-) микроорганизмов преобладает Enterobacter, прослеживается увеличение его распространенности за три года в 2,8 раза.

Ключевые слова: инфекционно-воспалительные заболевания у новорожденных, бактериологический мониторинг.

Актуальность.

Инфекционная патология у новорожденных детей – одна из основных проблем в неонатологии. Актуальность ее обусловлена изменениями особенностей как макро-, так и микроорганизмов. Эти изменения, в свою очередь, оказывают влияние на течение инфекционного процесса. Данные результатов бактериологического мониторинга позволяют оптимизировать назначение антибактериальных препаратов, а также выбрать рациональную схему антибактериальной терапии (1,2).

Цель работы:

Оценить этиологическую структуру микроорганизмов, выделенных у новорожденных с инфекционно-воспалительными заболеваниями, госпитализируемых из родильных домов города Волгограда в отделения патологии новорожденных.

Материалы и методы:

Проведено ретроспективное описательное исследование, с проведением анализа 339 историй стационарных больных в отделении патологии новорожденных. Все пациенты были с ИВЗ: с пневмонией – 117 (34,5%) новорожденных, с конъюнктивитом – 28 (8,3%), с пиодермиями – 44 (13%), с инфекцией мочевых путей – 150 (44,2%). Оценивались данные бактериологических исследований кала, крови, мочи, мазков из зева, конъюнктивы глаз, отделяемого пупочной ранки, содержимого из пустул, отделяемого эндотрахеальной трубки (ЭТТ). С помощью методов классической микробиологии осуществляли идентификацию выделенных микроорганизмов. Статистический анализ проводился с использованием: пакета анализа встроенного в MS Office Excel, обработка производилась с расчётом экстенсивных показателей. За уровень статистической значимости различий показателей принималась величина р<0,05.

Результаты

В 2013 году обследовано 84 новорожденных, из них: с инфекцией мочевых путей – 55 (65,5%), с пневмонией – 15 (17,9%), с пиодермиями – 10 (11,9%), с конъюнктивитом – 4 (4,8%). По данным микробиологического исследования Грамм (-) флора выделена в 49,4% случаев: Enterobacter –в 18,82%, E. Coli – в 15,29%, Acinetobacter – в 5,88%, Citrobacter – в 4,7%, Klebsiella spp.– в 4,7%, Protei mirabilis - в 4,7%. Грамм (+) высеивалась в 42,34%: St. Epidermidis – в 18,82%, Enterococcus – в 15,29%, St. Aureus - в 8,23%. Из кала и мочи выделен Enterobacter в 50%; St. Epidermidis: из крови - в 37,5%, из отделяемого из глаз – в 25%, из отделяемого ЭТТ – в 18,75% случаев; из мочи выделены: E. Coli в 16,6%, Enterococcus -в 10,7% анализах.

В 2014 году исследование проведено у 128 новорожденных, из них: с пневмонией – 55 (42,9% (p<0,001)), с инфекцией мочевых путей – 37 (28,9% p=0,01)), с пиодермиями – 27 (21% (p=0,003)), с конъюнктивитом – 9 (7%). Выявлено увеличение доли Грамм (-) флоры до 63,71% (p=0,03): Enterobacter - 42,75% (p<0,001), E. Coli –13%, Klebsiella spp.– 3,62%, Citrobacter –2,17%, Pseudomonas aeruginosa - 2,17%. Грамм (+) флора составила 33,33%: St. Epidermidis – 18,84%, St. Aureus – 7,97%, Enterococcus – 6,52%. Из мочи Enterobacter выделялся в 13,2%, из кала – в 28,1% анализах.

В 2015 г. обследовано 127 новорожденных: с инфекцией мочевых путей – 58 (45,7% (p<0,001)), с пневмонией – 47 (37% (p<0,001)),, с конъюнктивитом – 15 (11,8% p=0,011)), с пиодермиями – 7 (5,5% (p<0,001)). Выявлено продолжение роста Грамм (-) флоры - 68,56% (p=0,005): Enterobacter – 54,28% (p<0,001), E. Coli –14,28%. Грамм (+) флора высеивалась у 17,13% детей: St. Aureus - в 15,71% (p<0,001) исследованиях, Enterococcus – в 1,42% (p<0,001). Из мочи: Enterobacter выделялся в 11,8%, E. Coli – в 7,8%, St. Aureus – в 1,6% анализах. Из кала положительный результат Enterobacter у 20,47%, St. Aureus – у 3,14%. Из отделяемого пупочной ранки St. Aureus выделен в 2,36%.

Выявлено, что у новорожденных, поступивших из родильных домов в 2013-2015 гг преобладала Грамм (-) флора, выявлено увеличение ее распространенности в 1,35 раза.

Исследование выполнено при финансовой поддержке РГНФ и Администрации Волгоградской области в рамках проекта проведения научных исследований («Оценка факторов риска развития инфекционно-воспалительных заболеваний у новорожденных детей в Волгоградской области: социальные аспекты»), проект №16-16-34005.

Выводы:

У новорожденных детей, поступивших из родильных домов, ведущими являются локальные формы инфекции: пневмонии, инфекции мочевых путей, пиодермии, конъюнктивиты.

По данным полученным в результате микробиологического мониторинга следует, что в этиологии ИВЗ у детей, поступивших из родильных домов в 2013-2015 гг преобладала Грамм (-) флора, выявлено увеличение ее распространенности в 1,35 раза.

В этиологической структуре Грамм (-) микроорганизмов превалирует Enterobacter, отмечено повышение его распространенности за три года в 2,8 раза.

Литература

1. Малюжинская Н.В., Петрова И.В., Полякова О.В., Кожевникова К.В., Клиточенко Г.В.«Динамика основных показателей заболеваемости недоношенных детей в Волгоградской области». «Фундаментальная наука и технологии - перспективные разработки Материалы IV международной научно-практической конференции. н.-и. ц. «Академический». 2014. С. 56-58.

2. Малюжинская Н.В., Полякова О.В., Петрова И.В., Кожевникова К.В., Корягина П.А., Клиточенко Г.В. «Анализ структуры заболеваемости недоношенных детей в Волгоградской области».Вестник Волгоградского государственного медицинского университета. 2014. № 3 (51). С. 71-72.

УДК 616.314.18-002.4-08

Темкин Э.С., Дорожкина Л.Г., Зайцева А.В.
Волгоградский государственный медицинский университет, кафедра терапевтической стоматологии ВолгГМУ
Стоматологическая клиника «Премьер»

СОВРЕМЕННЫЕ МЕТОДЫ ПРОТЕЗИРОВАНИЯ ПАЦИЕНТОВ СТРАДАЮЩИХ ХРОНИЧЕСКИМ ГЕНЕРАЛИЗОВАННЫМ ПАРОДОНТИТОМ

Резюме:

Заболевания тканей пародонта представляют собой одну из важнейших проблем современной стоматологии, в связи с их высокой распространенностью, устойчивой тенденцией к прогрессированию, возникновением тяжелых осложнений как со стороны зубочелюстного комплекс, так и различных органов и систем организма. Поэтому комплексный подход и качественное протезирование обеспечивает благоприятный прогноз в лечении данной патологии.

Modern methods of prosthesis of patients with chronic generalized periodontitis.

Summary:

Periodontal tissues diseases are one of the most important problems in modern dentistry due to their high prevalence, the steady tendency to progression, the occurrence of severe complications from both the dentoalveolar complex, and various organs and body systems. Therefore, a complex approach and high-quality prosthesis provides favorable prognosis in the treatment of this pathology.

Введение:

Пародонтит это воспалительный процесс, развивающийся в тканях, которые окружают и удерживают зуб (пародонт) и проявляющийся деструктивными процессами в кости и связочном аппарате.[1] Воспаление, развивающееся в тканях пародонта, приводит к резорбции костной ткани и нарушению междесневого соединения, что становится причиной расшатывания и потери зубов. [2]

Пародонтиту сопутствует множество патологий: от сердечно-сосудистых до эндокринных , так как ткани пародонта пронизаны многочисленными кровеносными сосудами, и инфекция быстро разносится по всему организму. Поэтому лечение таких пациентов должно быть комплексным.[3]

Цель:

Сохранение стабильного состояния зубов и имплантатов при хроническом генерализованном пародонтите после протезирования. Восстановление жевательной эффективности и эстетики в полном объем, при помощи современных ортопедических конструкций .

Материалы и методы:

Чтобы избежать перегрузки имплантатов и прогрессирования атрофии костной ткани было принято решение изготовить протез на верхнюю челюсть из PEEK (полиэфирэфиркетон) материала с полной анатомией окклюзионной поверхности и режущего края. Этот материал абсолютно биоэнертен, в сочетании с эластичностью, приближенной к эластичности натуральной кости позволяют изготовить из него зубной протез с хорошими амортизирующими свойствам.[5]

Нами была проведена операция имплантации на верхней челюсти. Послеоперационный период сопровождался плазмолифтингом. Действие применения аутоплазмы заключается в активации естественных процессов восстановления тканей, уменьшении воспаления десны, образовании новых капилляров и улучшении кровоснабжения и обмена веществ, а также повышении местного иммунитета полости рта.[4]

Клинический случай:

Пациентка N., обратилась с жалобами на частичное отсутствие зубов, патологию твердых тканей ,эстетическую неудовлетворенность, подвижность зубов и затрудненное пережевывание пищи. В ходе сбора анамнеза, осмотра и диагностики было выявлено, что пациентка страдает хроническим генерализованным пародонтитом в течении 25 лет.

После удаление подвижных зубов были поставлены имплантаты в области зубов 1.3, 1.4, 1.6, 2.4, 2.5, 2.6 и один крылочелюстной имплантат. На период интеграции (6 месяцев) был изготовлен временный мостовидный протез.

После интеграции имплантатов пациентке изготовили на верхнюю челюсть протез из PEEK материала с полной анатомией жевательных зубов и режущего края с композитными фасетками от 1.5 до 2.5 зубов.[Рис. 3,4,5,6]

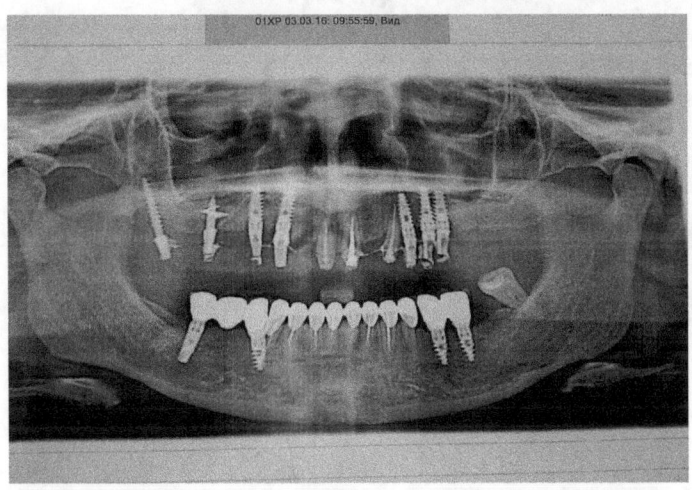

Рис.1. ОПГ после имплантации

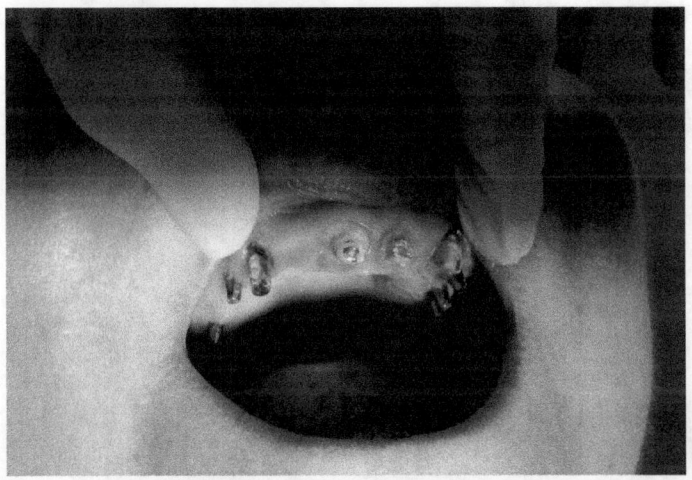

Рис.2. Полость рта после имплантации

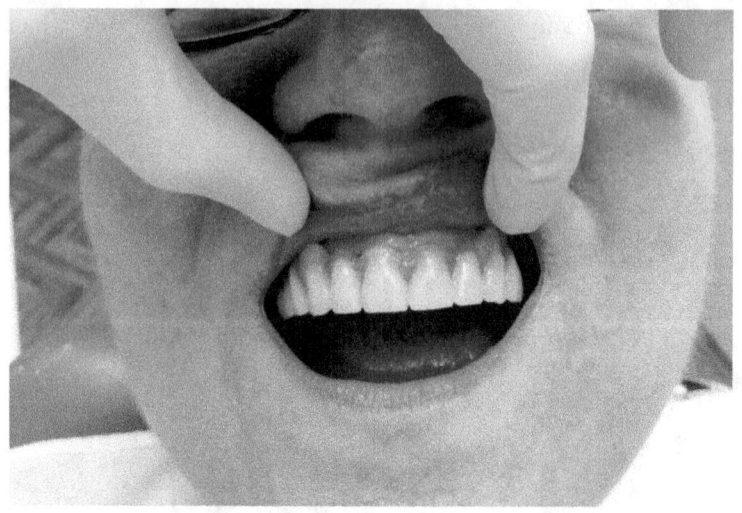

Рис.3. Временный протез на верхнюю челюсть

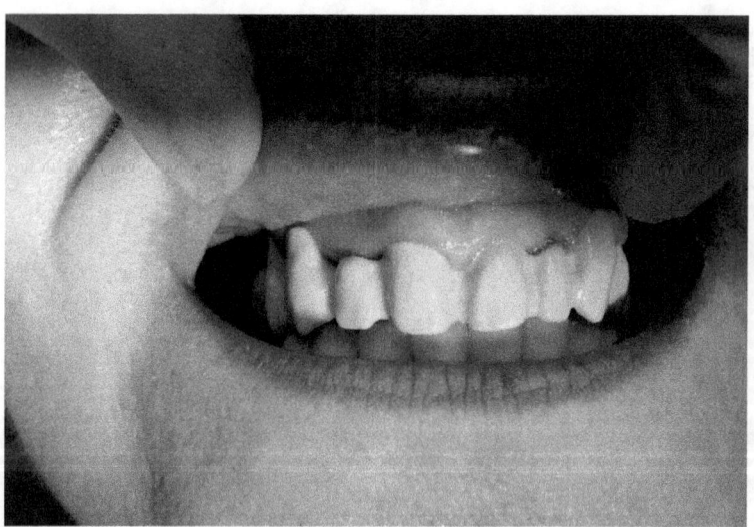

Рис.4. PEEK каркас на верхнюю челюсть

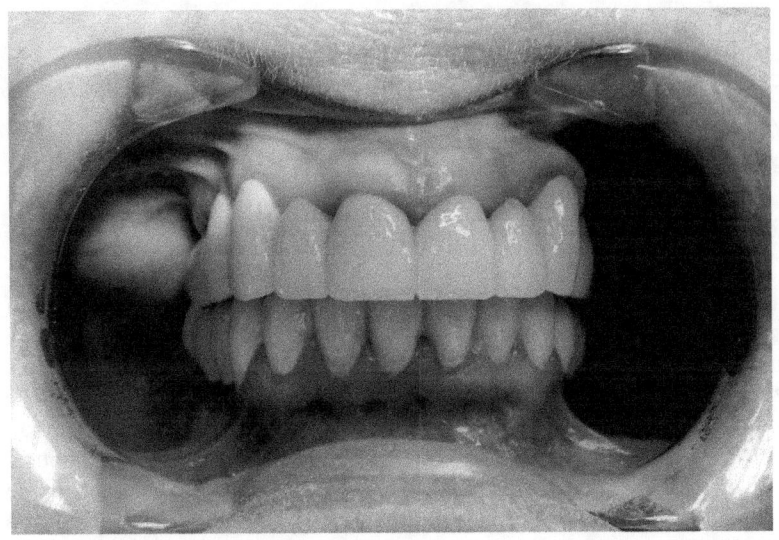

Рис.5. PEEK каркас на верней челюсти с композитной облицовкой.

Заключение:

Профилактика заболеваний пародонта заключается в удовлетворительной гигиене полости рта, регулярном посещении стоматолога для проведения профилактических осмотров, своевременного адекватного лечения и протезирования, а также в полноценном сбалансированном рационе и отсутствии травмирования десны и зубов. Таким образом комплексный подход к лечению стоматологических заболеваний позволяют сохранить здоровье полости рта на долгие годы.

Список литературы:

1. В.К.Леонтьев., Л.А.Фаустов., П.А.Галенко-Ярошевский. Хронический генерализованный пародонтит. 2012
2. В.П.Блохин .Комплексное лечение генерализованного пародонтита. 2011
3. А.В.Цимбалистов., Э.Д Сурдина
Комплексное лечение генерализованного пародонтита тяжелой степени с применением депульпирования зубов. 2012
4. Scannapieco F. A. Воспаление в тканях пародонта: от гингивита к системному заболеванию. Compend Cont Educ Dent.— 2010
5. Caton J., Bouwsma O., Poison A., Espeland M. Effects of personal oral hygiene and subgingival sealing on bleeding interdental gingival. / Caton J., Bouwsma O., Poison A., Espeland M.// J. Periodontol.- 2011.

Цапков А.Н., Китов М.В.
Белгородский государственный
национальный исследовательский университет
tzapkov@mail.ru, kitov.bo@yandex.ru

О МЕРАХ ОТВЕТСТВЕННОСТИ ЗА НЕЭФФЕКТИВНОЕ ИСПОЛЬЗОВАНИЕ ЗЕМЕЛЬ СЕЛЬСКОХОЗЯЙСТВЕННОГО НАЗНАЧЕНИЯ

Проблемам юридической ответственности за нарушения требований законодательства в сфере ненадлежащего использования земельных участков, основным видом разрешенного использования которых предусматривается строительство зданий и сооружений, в том числе объектов индивидуального жилищного строительства, в средствах массовой информации уделяется достаточное внимание. Но вопросы правовой ответственности за неиспользование или неэффективное использование земель сельскохозяйственного назначения освещены в недостаточной степени. Между тем, эти правонарушения наносят непоправимый вред земельным ресурсам.

В послании Президента Российской Федерации В.В. Путина Федеральному Собранию от 3 декабря 2015 года отмечена необходимость изъятия у недобросовестных владельцев неиспользуемых земель с.-х. назначения с целью их последующей передачи тем, кто хочет и может их обрабатывать [2].

Данная статья посвящена оценке системы мер ответственности за неисполнение требований законодательства по использованию и охране земель сельскохозяйственного назначения на примере отдельно взятого аграрного региона Российской Федерации – Белгородской области.

По информации управления Россельхознадзора по Белгородской области в текущем году на территории области проведено 496 проверок земельного законодательства, по итогам которых выявлено 126 нарушений на общей площади 34 тыс. га [1]. В результате принятия соответствующих мер реагирования в бюджетную систему области от уплаты соответствующих административных штрафов за совершенные нарушения требований по использованию и охране земель сельскохозяйственного назначения взыскано 1 505,3 тыс. рублей.

Действующее правовое регулирование порядка использования земельных участков из земель сельскохозяйственного назначения направлено прежде всего на обеспечение рационального и эффективное использование земельных ресурсов, поддержание стабильности и упорядоченности земельных отношений. При этом основания для привлечения нарушителей к административной ответственности за правонарушения, совершенные на территории Белгородской области, указаны в Кодексе Российской Федерации об административных правонарушениях (КоАП) [3], законе Белгородской области от 4 июля 2002 года №35 «Об административных правонарушениях на территории Белгородской области» [4] и иных специальных нормативных правовых актах.

Следует отметить, что наложение штрафных санкций в отношении нарушителей земельного законодательства – не являются конечной целью. Административные меры, прежде всего, служат побуждению правообладателей земельных участков к устранению правонарушений в сфере использования и охраны земель, вовлечению сельскохозяйственных угодий в эффективный и рациональных хозяйственный оборот, а также предназначены для предупреждения аналогичных нарушений в будущем.

Вместе с тем, применение мер административной ответственности к нарушителям земельного законодательства является первоочередным элементов системы мер по понуждению правообладателей земельных участков к использованию принадлежащих сельскохозяйственных угодий способами, соответствующими нормам, регулирующим оборот земель сельскохозяйственного назначения.

Согласно федеральному законодательству квалификация состава земельных нарушений, связанных с ненадлежащим использованием земель сельскохозяйственного назначения, подразделяется на:

- порча земель (статья 8.6 КоАП);
- невыполнение обязанностей по рекультивации земель, обязательных мероприятий по улучшению земель и охране почв (статья 8.7 КоАП);
- использование земельных участков не по целевому назначению, невыполнение обязанностей по приведению земель в состояние, пригодное для использования по целевому назначению (статья 8.8 КоАП).

При этом, наложение штрафов и других взысканий за указанные нарушения не освобождает виновных лиц от устранения допущенных нарушений и возмещения причиненных убытков и вреда.

На сегодняшний день в денежном выражении административные взыскания по основным административным нарушениям в сфере оборота земель сельскохозяйственного назначения определены следующим образом:

- за неиспользование земельного участка из земель сельскохозяйственного назначения для ведения сельскохозяйственного производства или осуществления иной связанной с сельскохозяйственным производством деятельности: на граждан в размере от 0,3 до 0,5 процента кадастровой стоимости земельного участка, но не менее трех тысяч рублей; на должностных лиц - от 0,5 до 1,5 процента кадастровой стоимости земельного участка, но не менее пятидесяти тысяч рублей; на юридических лиц - от 2 до 10 процентов кадастровой стоимости земельного участка, но не менее двухсот тысяч рублей;

- за невыполнение установленных требований и обязательных мероприятий по улучшению, защите земель и охране почв от ветровой, водной эрозии и предотвращению других процессов и иного негативного воздействия на окружающую среду, ухудшающих качественное состояние земель: на граждан в размере от двадцати тысяч до пятидесяти тысяч рублей; на должностных лиц - от пятидесяти тысяч до ста тысяч рублей; на юридических лиц - от четырехсот тысяч до семисот тысяч рублей;

- за самовольное снятие или перемещение плодородного слоя почвы: на граждан в размере от одной тысячи до трех тысяч рублей; на должностных лиц - от пяти тысяч до десяти тысяч рублей; на юридических лиц - от тридцати тысяч до пятидесяти тысяч рублей.

При этом, при внесении изменений в действующее нормативное правовое регулирование наблюдаются тенденции к увеличению мер финансовой ответственности к нарушителям земельного законодательства.

Действующим законодательством в качестве иной специальной правовой меры, применяемой за совершение правонарушений в области использования и охраны земель, предусмотрено принудительное изъятие в судебном порядке земельных участков из земель сельскохозяйственного назначения, не используемых или используемых с грубыми нарушениями установленных правил рационального использования земель. Основной целью принудительного изъятия у недобросовестных правообладателей земельных участков из земель сельскохозяйственного назначения является перевод указанных земельных участков в государственную собственность для дальнейшего предоставления более эффективному хозяйствующему субъекту. В отличие от административной ответственности данные меры применяются к правонарушителям, допускающим систематическое нарушение правил использования земель или, если эти нарушения настолько изменили состояние использование земель, что обычными мерами административного воздействия трудно устранить данные правонарушения.

Так, в соответствии со статьей 6 Федерального закона от 24 июля 2002 года №101-ФЗ «Об обороте земель сельскохозяйственного назначения» [5] земельный участок из земель сельскохозяйственного назначения подлежит изъятию в случае, если в течение трех и более лет подряд со дня возникновения у такого собственника права собственности на земельный участок он не используется для ведения сельскохозяйственного производства или осуществления иной связанной с сельскохозяйственным производством деятельности. Признаки неиспользования земельных участков с учетом особенностей ведения сельскохозяйственного производства или осуществления иной связанной с сельскохозяйственным производством деятельности установлены постановлением Правительства Российской Федерации от 23 апреля 2012 года №369 «О признаках неиспользования земельных участков с учетом особенностей ведения сельскохозяйственного производства или осуществления иной связанной с сельскохозяйственным производством деятельности в субъектах Российской Федерации» [6].

Кроме того, принудительному прекращению подлежат права на земельные участки из земель сельскохозяйственного назначения, используемые с нарушением установленных земельным законодательством требований рационального использования земли, повлекшим за собой существенное снижение плодородия земель сельскохозяйственного назначения или значительное ухудшение экологической обстановки. Критерии существенного снижения плодородия земель сельскохозяйственного назначения и критерии значительного ухудшения экологической обстановки установлены соответственно постановлением Правительства Российской Федерации от 22 июля 2011 года №612 «Об утверждении критериев существенного снижения плодородия земель сельскохозяйственного назначения» [7].

Иной специальной мерой по перераспределению неиспользуемых земель сельскохозяйственного назначения является процедура оформления невостребованных земельных долей, которые граждане в течение трех и более лет подряд не передали в аренду или не распорядились ею иным образом. Так, согласно статье 12.1 Федерального закона от 24 июля 2002 года №101-ФЗ «Об обороте земель сельскохозяйственного назначения» по указанным выше основаниям в случае невостребования собственниками своих земельных долей орган местного самоуправления поселения или городского округа вправе выйти с иском в суд о признании таких земельных долей в муниципальную собственность.

Кроме того, в необходимых случаях при наличии неоспоримых фактов грубого нарушения требований по использованию и охране земель, повлекших в следствие ненадлежащего использования земельных участков значительных ущерб окружающей среде, должностные лица уполномоченных органов вправе обращаться в органы Министерства внутренних дел Российской Федерации за помощью в привлечении к административной или уголовной ответственности таких нарушителей земельного законодательства.

Согласно действующему нормативного правовому регулированию земли сельскохозяйственного назначения, как первоочередное средство сельскохозяйственного производства и основа жизнедеятельности человека, должны не просто использоваться, а использоваться рационально и эффективно. Распределение сельскохозяйственных угодий между правообладателями должно зависеть от способности гражданина или юридического лица к их должному использованию. В условиях рыночной экономики, когда каждый субъект земельных отношений, действуя свободно и имея возможность выбрать правильный, соответствующий законодательству вариант поведения, осмысление правообладателями земельных участков значимости исполнения требований по надлежащему использованию и охране земель сельскохозяйственного назначения играет существенную роль в вопросах сохранения земельных ресурсов.

Таким образом, рациональное использование правообладателями принадлежащих земель сельскохозяйственного назначения, разрешенными и поддерживаемыми государством способами, является частью публичных интересов общества и основой продовольственной безопасности страны.

Список литературы

1. Информация государственного земельного надзора [Электронный ресурс]. URL: http://www.belnadzor.ru/novosti/gosudarstvennyj-zemelnyj-nadzor.html.
2. Послание Президента Российской Федерации Федеральному Собранию Российской Федерации [Электронный ресурс]. URL: http://www.kremlin.ru/events/president/news/50864.
3. Кодекс Российской Федерации об административных правонарушениях: Федеральный закон от 30 декабря 2001 года №195-ФЗ (в ред. от 6.07.2016) [Электронный ресурс]. Доступ из справ.-правовой системы «КонсультантПлюс».
4. Об административных правонарушениях на территории Белгородской области: закон Белгородской области от 4 июля 2002 года №35 (в ред. от 30.06.2016) [Электронный ресурс]. Доступ из справ.-правовой системы «КонсультантПлюс».
5. Об обороте земель сельскохозяйственного назначения: Федеральный закон от 24 июля 2002 г. №101-ФЗ (в ред. от 3.07.2016) [Электронный ресурс]. Доступ из справ.-правовой системы «КонсультантПлюс».
6. О признаках неиспользования земельных участков с учетом особенностей ведения сельскохозяйственного производства или осуществления иной связанной с сельскохозяйственным производством деятельности в субъектах Российской Федерации: постановление Правительства Российской Федерации от 23 апреля 2012 года №369 (в ред. от 23.04.2012) [Электронный ресурс]. Доступ из справ.-правовой системы «КонсультантПлюс».
7. Об утверждении критериев существенного снижения плодородия земель сельскохозяйственного назначения: постановление Правительства Российской Федерации от 22 июля 2011 года №612 (в ред. от 22.07.2011) [Электронный ресурс]. Доступ из справ.-правовой системы «КонсультантПлюс».

Махнаткина Е.А.
магистрант 2 курса, программа «Управление образовательной организацией», Федеральное государственное бюджетное образовательное учреждение ВПО «Кубанский государственный университет» филиал в г. Славянске-на-Кубани
Муниципальное бюджетное учреждение дополнительного образования детей «Дворец творчества детей и молодежи им. Н.И.Сипягина» г. Новороссийск, педагог ДО
Адрес электронной почты: rohlinaea@mail.ru

ТЕХНОЛОГИЯ МАРКЕТИНГОВОГО ИССЛЕДОВАНИЯ В УЧРЕЖДЕНИИ ДОПОЛНИТЕЛЬНОГО ОБРАЗОВАНИЯ НА ПРИМЕРЕ МБУ ДО ДТДМ ГОРОДА НОВОРОССИЙСКА

Сегодня сфера образования все больше воспринимаются, как сфера услуг (услуг специфических, связанных с формированием личности человека, воспроизводством интеллектуальных ресурсов, передачи ценностей культуры). В силу этого обращение к маркетингу - это необходимость, определяющая новые подходы к образованию. Маркетинг помогает сформировать спрос на образовательные услуги, оптимизировать предложение, разработать эффективные стратегии деятельности участников рыночных отношений.

Традиционно в развитых странах образование было и остается преимущественно объектом внимания и поддержки государственных структур, финансируется государством и органами управления на местах, поэтому потребность в маркетинге до сих пор находится в стадии становления. В условиях же экономического кризиса, который коснулся и государственных образовательных учреждений, вынужденных выживать в трудных экономических ситуациях, маркетинг сейчас приобретает особую важность. В настоящее время учебные заведения стоят перед дилеммой: с одной стороны, их руководители плохо представляют себе, что такое маркетинг, а с другой стороны, они крайне нуждаются в эффективной маркетинговой программе, чтобы найти свое место в складывающемся рынке образовательных услуг. [2].

В учреждениях дополнительного образования детей данная проблема особенно актуальна, так как, в отличие от образовательных учреждений общего образования, они более свободны в выборе, создании и реализации образовательных программ.

Маркетинговым исследованием в дополнительном образовании детей принято считать системный сбор и анализ информации о деятельности учреждения, а также спроса потребителя на продукты интеллектуального труда [1].

Анализ научных работ позволяет предложить следующую схему

поэтапного проведения маркетингового исследования в учреждении дополнительного образования детей:

• обоснование целесообразности проведения исследования (зачем, с какой целью оно проводится);

• описание и постановка проблемы исследования (что мы исследуем и почему именно это исследование проводится);

• формирование плана на основе определяющих его факторов (как будем проводить исследование и что для этого нужно);

• проведение исследования и сбор первичных данных;

• систематизация полученных данных;

• обработка результата, формирование выводов;

• использование результатов исследования;

• оценка результатов осуществленных мероприятий, предпринятых на основе проведенных исследований («обратная связь», как исследование повлияло на дальнейшую работу, и какие шаги в результате были предприняты).

Рассмотрим особенности содержания вышеперечисленных этапов.

Фактически первым шагом на пути к практическому становлению маркетинга в учреждении дополнительного образования детей является осознание его администрацией реальной потребности в маркетинговых знаниях.

Цель любого маркетингового исследования состоит в оценке существующей ситуации (конъюнктуры) и разработке прогноза развития рынка, что является источником информации для принятия эффективного управленческого решения (например, в условиях ограничения финансирования сократить не пользующиеся спросом образовательные услуги или ненужные вакансии, перенаправить средства на открытие новых востребованных групп и т.д.).

В качестве технологии, инструментария маркетингового исследования могут выступать анкетирование, мониторинг, диагностика и анализ данных.

Целью маркетинговой деятельности дополнительного образования является достижение его конкурентоспособности на рынке образовательных услуг. Сущность маркетинга дополнительного образования детей состоит в деятельности по изучению потребительского рынка образовательных услуг и приведению функционального содержания, форм и методов деятельности учреждения в соответствие с требованиями этого рынка [3].

Маркетинговый подход к организации деятельности дополнительного образования предполагает проведение исследований по выявлению фактических и потенциальных потребителей образовательных услуг, их актуальных проблем, запросов.

Выявление фактических потребителей включает в себя анализ количественного и качественного состава контингента, его динамики. Для этого необходимо:

1. Создать базу данных потребителей услуг.
2. Создать социально-культурный портрет потребителей образовательных услуг (в нашем случае детей и их родителей).
3. Выявить структуру образовательных потребностей этого контингента потребителей (провести сравнительный анализ образовательных потребностей контингента потребителей к имеющемуся программно-методическому обеспечению).
4. Изучить удовлетворенность качеством образовательных услуг.

Выявление потенциальных потребителей включает в себя:

• учет демографической ситуации в городе, районе, микрорайоне в настоящий момент и на перспективу (определение потенциала и объема рынка образовательных услуг, уровень его насыщения);

• изучение состояния рынка труда в настоящий момент и на перспективу, в том числе, сведения о востребованных и невостребованных профессиях;

• распределение контингента между другими учреждениями дополнительного образования детей города, района;

• выявление свободных сегментов рынка и разработка для каждого из них специального предложения.

В качестве иллюстрации вышеизложенного рассмотрим применение маркетинговых технологий в деятельности МБУ ДО ДТДМ (Муниципальное бюджетное учреждение дополнительного образования «Дворец творчества детей и молодёжи им. Н.И. Сипягина» города Новороссийска).

Использование маркетинговых технологий в данном учреждении позволяет решить ряд задач: оценка спроса потребителей на определённые услуги, оценка качества образовательных услуг, выявление социального заказа на конкретные услуги и т.д.

Хотим представить пример анкетирования для оценки удовлетворённости качеством оказания образовательных услуг. Для этого приведём перечень вопросов, представленных в анкете. Первые ряд вопросов необходимо оценить по 5 –бальной шкале:

1. Информация о предоставляемых услугах данной организации (наличие стенда, сайта, справочной информации на них).
2. Квалификация педагогов.
3. Наличие условий для самореализации воспитанников (организация участия в соревнованиях, фестивалях, смотрах, конкурсах).
4. Удобство графика проведения занятий.
5. Вежливость, тактичность и доброжелательность педагогов.
6. Удобство местоположения, наличие развитой транспортной инфраструктуры рядом с учреждением.
7. Уровень комфортности пребывания в организации (чистота в помещениях, оформление, наличие гардероба).

8. Обеспечение мер безопасности детей.
9. Уровень соответствия оборудования помещений оказываемой услуге.
10. Доступность дополнительных платных услуг.
11. Создание условий для обучения детей-инвалидов.

Второй ряд вопросов оценивается – да\нет:

1. Сложно ли добраться до организации, отсутствие развитой транспортной инфраструктуры.
2. Низкое качество предоставляемых услуг.
3. Слабая материально-техническая база.
4. Низкая профессиональная подготовка преподавателей.
5. Нехватка преподавателей.
6. Неудобное время работы учреждения.
7. Недостаточное количество практических занятий.
8. Количество практических занятий меньше, чем по учебному плану.
9. Невнимательное отношение к детям.
10. Отсутствие информации о существующих организациях.
11. Здание требует капитального ремонта.
12. Не соблюдаются правила безопасности.
13. Навязывание платных услуг.
14. Постоянные дополнительные денежные сборы.
15. Нехватка квалифицированных педагогов.
16. Трудно устроить ребёнка из-за нехватки мест.
17. Отсутствие компьютерных классов с доступом к интернету.
18. Чтобы устроить ребёнка в организацию, пришлось заплатить деньги.
19. Неудобное расписание занятий.
20. Не было никаких проблем.

Данное анкетирование было проведено в 2015-2016уч.году. В нём приняли участие 432 человека (родителя, законного представителя), что составляет примерно 10% от количества учащихся ДТДМ. Полученные данные в процентах представлены в таблице 1, таблице 2.

Таблица 1

№ п\п	Вопросы	Оценивание по 5-бальной шкале в %				
		1	2	3	4	5
	Информация о предоставляемых услугах данной организации (наличие стенда, сайта, справочной информации на них).	3,24	3,7	10,88	25,93	56,25
2.	Квалификация педагогов.	0	0	0,93	10,65	88,43

3.	Наличие условий для самореализации воспитанников (организация участия в соревнованиях, фестивалях, смотрах, конкурсах).	0,23	1,16	4,86	23,15	70,60
4.	Удобство графика проведения занятий.	0,46	0,23	6,02	20,37	72,92
5.	Вежливость, тактичность и доброжелательность педагогов.	0	0	0,46	9,03	90,51
6.	Удобство местоположения, наличие развитой транспортной инфраструктуры рядом с учреждением.	5,09	7,41	25,93	32,64	28,94
7.	Уровень комфортности пребывания в организации (чистота в помещениях, оформление, наличие гардероба).	0,46	3,47	11,11	33,33	51,62
8.	Обеспечение мер безопасности детей.	3,24	4,63	14,58	31,18	45,37
9.	Уровень соответствия оборудования помещений оказываемой услуге.	0,69	2,08	12,73	37,73	46,76
10.	Доступность дополнительных платных услуг.	0,46	0,69	5,09	18,06	75,69
11.	Создание условий для обучения детей-инвалидов	7,18	7,41	16,20	16,9	52,31

Таблица 2.

	Вопросы	Варианты ответов в %	
		да	нет
1.	Сложно ли добраться до организации, отсутствие развитой транспортной инфраструктуры.	48,61	51,39
2.	Низкое качество предоставляемых услуг.	2,08	97,92
3.	Слабая материально-техническая база.	37,27	62,73
4.	Низкая профессиональная подготовка преподавателей.	0,93	99,07
5.	Нехватка преподавателей.	13,89	86,11
6.	Неудобное время работы учреждения.	3,24	96,76
7.	Недостаточное количество практических занятий.	7,41	92,59
8.	Количество практических занятий меньше, чем по учебному плану.	3,24	96,76

9.	Невнимательное отношение к детям.	0,69	99,31
10.	Отсутствие информации о существующих организациях.	22,42	77,55
11.	Здание требует капитального ремонта.	77,31	22,69
12.	Не соблюдаются правила безопасности.	10,88	89,12
13.	Навязывание платных услуг.	3,01	96,99
14.	Постоянные дополнительные денежные сборы.	0,93	99,07
15.	Нехватка квалифицированных педагогов.	7,87	92,13
16.	Трудно устроить ребёнка из-за нехватки мест.	9,03	90,97
17.	Отсутствие компьютерных классов с доступом к интернету.	48,61	51,39
18.	Чтобы устроить ребёнка в организацию, пришлось заплатить деньги.	0	100
19.	Неудобное расписание занятий.	3,47	96,53
20.	Не было никаких проблем	54,86	45,14

Как видно в таблицах результатов анкетирования, родители обучающихся ДТДМ в целом довольны качеством образовательных услуг в учреждении.

Данное анкетирование является частью маркетингового исследования в ДТДМ, и отвечает на вопрос: доволен ли потребитель образовательной услугой в целом и какие встречает проблемы. В зависимости от цели исследования формируются вопросы и формы ответов.

Введение маркетинговых исследований в учреждения дополнительного образования призваны помочь руководителю и администрации учреждения в выстраивании образовательной политики учреждения и повышения качества образования.

Список использованной литературы:

1. Ганаева Е.А. Дидактические инструменты подготовки руководителя образовательного учреждения к маркетинговой деятельности// Методист. 2007. № 2.
2. Григорян В.Г. .Основы образовательного маркетинга: Уч.пособие. СПб.:ЛОИРО, 2006.
3. Логинова Л.Г. К проблеме повышения квалификации менеджеров для образовательных организаций дополнительного образования детей// Методист.2015. №2.

Павлов К.С.
Смоленский государственный университет

ОПЫТ РАЗВИТИЯ ХУДОЖЕСТВЕННЫХ СПОСОБНОСТЕЙ ДЕТЕЙ В СЕЛЬСКИХ ШКОЛАХ СМОЛЕНСКОЙ ГУБЕРНИИ КОНЦА XIX- НАЧАЛА XX ВЕКА

В настоящее время одной из стратегических задач, направленных на развитие образования в Российской Федерации, является задача «популяризации среди детей и молодежи научно-образовательной и творческой деятельности, выявление талантливой молодежи» [1]. В рамках ее решения предполагается «предоставление опций и создание условий для личностного развития детей и молодежи» [1].

Создание максимально благоприятных условий для раскрытия способностей и дарований ребенка, для его самоопределения - однин из аспектов гуманизации современной образовательной системы. История российского образования дает нам примеры интересных подходов к решению подобных задач. Во второй половине XIX - начале XX века вопросы развития природных способностей и талантов крестьянских детей находятся в поле зрения передовых педагогов. Интересный опыт накоплен в этом отношении в различных регионах России. Примерами организации сельского учебного заведения в Смоленской губернии, в котором решались проблемы индивидуального подхода к детям и развития их художественных способностей, являются школы С.А. Рачинского и М.К. Тенишевой.

В 1875 году в селе Татеве Бельского уезда Смоленской губернии профессор Московского университета С.А. Рачинский на свои средства открыл школу с четырехлетним сроком обучения. «Взгляды на народное образование, на цели и задачи обучения в народной школе сложились у С.А. Рачинского задолго до начала его практической деятельности. ... школа, работавшая под его руководством в Татеве, начала свою деятельность по ясно намеченному плану, глубоко продуманному и национально ориентированному» [2, 13].

Личность С.А. Рачинского-педагога, его эрудиция и высочайший уровень культуры оказали влияние на организацию учебного процесса в созданной им народной школе. Большое внимание С.А. Рачинский уделяет проблемам религиозно-нравственного воспитания, но в Татевской школе крестьянские дети изучали не только русский язык, арифметику и закон Божий. С.А. Рачинским были оборудованы специальные классы – «певческая» и художественная мастерская. Педагог бережно относился к дарованиям каждого ученика и старался сделать все, чтобы развить этот талант. Занятия музыкой и пением в школе вели сам С.А. Рачинский и его сестра Варвара Александровна. В Татевской школе детей учили игре на пианино, скрипке, фисгармонии.

В школе также был создан хор, в котором пели все дети. Хором сначала руководил выпускник Смоленской Духовной семинарии Л.П. Розов, а затем ученик этой же школы М.О. Шалдыгин [2]. Кроме того, во время посещений Татева занятия в школьным хоре проводил выдающийся деятель отечественной культуры, музыковед, хоровой дирижёр и педагог С.В. Смоленский. Опыт С.А. Рачинского С.В. Смоленский использовал в собственной педагогической деятельности в Московском Синодальном училище и школе-интернате для мальчиков.

Вместе со своими учениками С.А. Рачинский собирал народные песни и сказки, использовал народные игры и хороводы при организации проводимых в школе праздников.

В художественной мастерской занятия по рисованию, черчению и живописи проводил на хорошем художественном уровне как сам С.А. Рачинский, так и муж его сестры художник Э.А. Дмитриев-Мамонов. В ремесленном классе учащиеся обучались мастерству плетения из лозы, соломы и камыша, девочек учили вышивке. Ремесленные изделия учеников Татевской школы экспонировались на Нижегородской выставке в 1896 году и на Всемирной выставке в Париже в 1900 году.

Особенность организации деятельности Татевской школы состояла в том, что школа работала круглый год, так как многие из ее учеников были сиротами и проживали в общежитии при школе. Летние уроки живописи с учениками проводил художник Э.А. Дмитриев-Мамонов, выпускник Императорской Академии художеств, приезжавший в Татево. Именно эти дополнительные художественные занятия сыграли важную роль в развитии талантов Н. Богданова-Бельского, Т. Никонова, И. Петерсона, ставших с помощью С.А. Рачинского профессиональными художниками.

Среди указанных выше учеников Татевской школы особое место занимает художник Н.П. Богданов-Бельский. Занятия рисованием в Татевской школе позволили развить способности мальчика-пастушка. В 1882 году С.А. Рачинский устроил Н.П. Богданова-Бельского в иконописную мастерскую Троице-Сергиевой лавры и из своих собственных средств выделил ему содержание. Позже Н.П. Богданов-Бельский учился в Московском училище живописи, ваяния и зодчества и Академии художеств, в 1905 году художнику было присвоено звание академика, а в 1914-м он стал действительным членом Академии художеств.

Еще один пример организации сельского учебного заведения, в котором решались проблемы индивидуального подхода к крестьянским детям и развития их природных способностей, в том числе и в художественной деятельности, - сельскохозяйственная школа княгини М.К. Тенишевой в имении Талашкино Смоленской губернии.

В 1896 году М.К. Тенишева на хуторе Фленово на свои средства строит новое школьное здание и открывает двухклассную школу с элементарным курсом по сельскому хозяйству. Министерский школьный устав не отвечал намеченным М.К. Тенишевой задачам, и она самостоятельно разработала для школы такие учебные планы, в которых значительное место отводилось различным ремеслам и рисованию. В годовом отчете за 1903 год о состоянии Талашкинской низшей сельскохозяйственной школы 1-го разряда указывается: «Учебный год продолжается 5 лет и разделяется на 5 классов: 2 приготовительных и 3 специальных. В школе преподаются общеобразовательные предметы в объеме курса двухклассных школ Министерства народного просвещения, основные сведения из естественных наук, земледелие, скотоводство, геометрия, землемерие, садоводство, огородничество, главнейшие законы, относящиеся до крестьянского быта и ремесла – столярное, кузнечное и плотничье, а для девочек – рукоделья. Кроме того, преподается музыка (игра на балалайках), пение и рисование» » [3, с. 82].

М.К. Тенишева – человек незаурядный. Многогранность интересов М.К. Тенишевой проявилась в ее увлечении музыкой, изобразительным и декоративно-прикладным искусством, археологией, идей возрождения русского народного искусства, вопросами народного образования. Проблемы воспитания крестьянских детей интересовали княгиню М.К. Тенишеву, которая писала: «Задолго до того, как я, наконец, основала школу, у меня сложился известный идеал народного учителя. Я всегда думала, что деревенский учитель должен быть не только преподавателем в узком смысле слова, т.е. от такого-то до такого-то часа давать уроки в классе; но он должен быть и руководителем, воспитателем, ….» [4, 140].

В исследовании, посвященном педагогической деятельности М.К. Тенишевой, О.Э. Эрдман выделяет этапы становления художественного центра в Талашкине. «Первый этап - это приглашение в свое имение художников и музыкантов, превращение его в "творческую дачу". Вторым этапом стало постепенное включение элементов эстетического воспитания в учебный процесс: организация балалаечного оркестра, самодеятельного театра, занятий рисованием и т.д. Создание художественных мастерских при школе знаменовало собой завершающий этап. С переходом в него М.К. Тенишева достигла того, что Талашкино приобрело известность в России и за границей» [5, 8].

По инициативе М.К. Тенишевой в школе было введено обучение мальчиков игре на балалайке. Для проведения этих занятий княгиня пригласила выпускника Петербургской консерватории В.А. Лидина. М.К. Тенишева вспоминает: «Чтобы поставить игру на балалайке на твердую ногу, я пригласила постоянным преподавателем Василия Александровича Лидина, бывшего сотрудником кружка Андреева, опытного, любящего свое дело человека. Он поставил дело очень хорошо, разделив школу на два отделения: был оркестр из опытных и хорошо играющих учеников и класс начинающих, которые подготавливались к вступлению в оркестр» [4, 159]. Юные музыканты выезжали с концертами в Смоленск, а в 1900 году состоялось успешное выступление школьного балалаечного оркестра на Всемирной выставке в Париже.

Также М.К. Тенишевой был организован театр, в котором с удовольствием играли как ученики, так и учителя школы. Все в Талашкине и Фленове было направлено на развитие в ребенке его скрытых дарований и талантов. М.К. Тенишева писала: «Нет, я твердо верю, что всякому человеку можно найти применение и собственный путь» [4, 152].

Проводились в школе и занятия ремеслами: столярным делом, росписью по дереву, керамикой, окраской тканей и вышиванием. Идея возрождения традиций русского народного искусства была близка М.К. Тенишевой. Большой заслугой М.К. Тенишевой явилось создание в Талашкине художественных мастерских, для руководства которыми в 1900 году был приглашен художник С.В. Малютин, выпускник Московского училища живописи, ваяния и зодчества. С.В. Малютин подбирал для работы в художественно-промышленных мастерских наиболее способных учеников талашкинской народной школы. Навыки рисования и живописи под руководством С.В. Малютина получили художники А.П. Самусов и А.П. Мишонов.

Художник А.П. Мишонов писал позже С.В. Малютину: «Ведь Вы мой первый и главный учитель. Через Вас я впервые и на всю жизнь полюбил живопись, самый процесс работы, полюбил «тесто» краски…» [3, 319]. А.П. Мишонов рано стал сиротой и был отдан в сельскохозяйственную школу на хуторе Фленово, которую окончил в 1899 году с похвальным листом. За проявленные при обучении способности юноша был принят в Талашкинские художественные мастерские. В эти годы он занимается живописью под руководством С. В. Малютина, который руководит работой мастерских. В дальнейшем, оказавшись при содействии М.К. Тенишевой в Париже, А.П. Мишонов некоторое время посещал там частную студию, а позже поступил в Строгановское училище в Москве.

После отъезда С.В. Малютина из Талашкина в 1903 году для руководства художественно-промышленными мастерскими М.К. Тенишевой были приглашены молодые художники А.П. Зиновьев и В.В. Бекетов, выпускники Московского Строгановского училища. Бывший ученик мастерских К.М. Скрябин в воспоминаниях о А.П. Зиновьеве писал, что «художником он был одаренным, страстно любил театр, русское народное искусство, часто бывал на крестьянских свадьбах, где делал множество зарисовок. С его приездом художественная жизнь Талашкина оживилась. В театре открылись вечерние классы рисования, куда потянулась молодежь» [3]. Без сомнения сама атмосфера Талашкина, наблюдения за работой профессиональных художников и мастеров декоративно-прикладного искусства, выполнение изделий по их эскизам, совместное участие в подготовке к спектаклям имели большое значение для развития личности и художественных способностей многих учеников школы М.К. Тенишевой.

Таким образом, рассмотренные нами примеры всего двух учебных заведений Смоленской губернии конца XIX- начала XX века содержат, по нашему мнению, целый ряд интересных организационных находок в области художественного воспитания и развития школьников. Это, в частности, идея С.А. Рачинского о проведения летних занятий с одаренными детьми на базе школы под руководством профессионального художника-педагога, занятий, в ходе которых на первый план выходит индивидуальная работа с каждым участником небольшой учебной группы. В современных условиях любого учебного заведения (как школы, так и вуза) подобные летние занятия с приглашением в качестве педагогов крупных отечественных мастеров изобразительного искусства могли бы создать дополнительные условия для раскрытия таланта ребенка или студента. Особенно это важно для детей и молодежи в удаленных от столиц регионах. Не менее интересна практика Талашкина, где школа стала составной частью культурно-творческого центра и художественно-промышленных мастерских.

Литература

1. Концепция Федеральной целевой программы развития образования на 2016-2020 годы [Электронный ресурс].- Режим доступа: government.ru›media/files/mlorxfXbbCk.pdf (дата обращения 20.12.2015)
2. Стеклов М.Е. Русские педагоги. М., 1997.
3. Талашкино: Сборник документов. Смоленск, 1995.
4. Тенишева М.К. Впечатления моей жизни. М.,1991.
5. Эрдман О.Э. Реализация педагогических идей М.К. Тенишевой в условиях развития вариативного образования на селе: Автореф. дисс. канд. пед. наук. Смоленск, 1999.

Бурмина Т.Ю.
к.и.н. ГБУ ГРЦСУ г. Москва

ИННОВАЦИОННЫЕ ТЕХНОЛОГИИ В ОБУЧЕНИИ И ВОСПИТАНИИ: КОУЧИНГОВЫЙ ПОДХОД В ВОСПИТАНИИ ДОВЕРИЯ, МИРОЛЮБИЯ, ПРИНЯТИЯ СЕБЯ И ДРУГИХ ЛЮДЕЙ

Среди важнейших приоритетов государственной политики в области воспитания выступает расширение вариативности воспитательных систем и технологий, которые обеспечивали бы формирование индивидуальной траектории развития каждого ребенка с учетом его потребностей, интересов, способностей. К таким инновационным технологиям по праву можно отнести и использование коуинга, основанного на принципе сотрудничества педагога с детьми, уважении, доверии, доброжелательности и толерантности.

В силу физических и психических условий, а также особенностей предшествующего опыта все дети развиваются по-разному. У одних этот процесс проходит более интенсивно, у других менее, у кого-то бывают неудачи и срывы. Поэтому в воспитательном процессе и педагогическом влиянии педагогу важно выявлять сильные стороны ребенка, опираться на них, строить с учетом их продвижение вперед. Говоря о воспитательном процессе, необходимо подчеркнуть, что ребенок не должен чувствовать себя объектом приложения педагогических усилий. Это возможно только тогда, когда педагог проявляет искренний интерес к внутреннему миру ребенка, предоставляет ему личностную свободу и выстраивает доверительное и уважительное взаимодействие.

Выделенные выше целевые приоритеты и принципы воспитания соответствуют общемировым тенденциям в развитии образования [1] и базовым основаниям и ценностям коучинга, который рассматривается сегодня в отечественной педагогической теории и практике как одна из эффективных инновационных технологий в личностно-ориентированном обучении и педагогическом сопровождении процесса развития ребенка.

В своей книге «Коучинг высокой эффективности» (2005г.) Джон Уитмор в определении коучинга обращается к глаголу «коуч (coach)» как «тренировать, учить, направлять, подсказывать, снабжать фактами» [2, с 16]. Суть коучинга заключается не в том, как это делается (хотя это тоже важно), а скорее в том, что именно делается. Коучинговый подход направлен на то, чтобы максимально раскрыть потенциал человека и научиться его использовать.

Коучинг основывается на достижениях психологии медицины, нейропсихологии, педагогики и др. Хотя известно, что мастерство в формулировании вопросов и умении задавать их, выстраивать позитивный диалог – это давний проверенный способ формирования доверия и понимания в общении с детьми. «Как только дети начнут говорить, надо им задавать вопросы... Пусть ребенок отвечает.... Что-то из этого задержится в памяти (детская память начинает собирать себе сокровища). Нужно, чтобы собирала она только доброе и полезное, а что противно добродетели, то не должно попадаться им на глаза» [3, с. 5].

Коучинг в воспитании – это искусство создания позитивного пространства - увидеть в ребенке все то, что в нем есть самого лучшего; выстраивать с ним диалог на основе умения слышать его; стремиться сотрудничать с ним, вместе творить и в этом сотворчестве помогать ребенку раскрывать его личность, выстраивая атмосферу доверия, диалога и толерантности. Говоря о взаимодействии педагога и ребенка в воспитательном процессе, следует отметить, что в коучинге это взаимодействие представляет собой альянс двух партнеров, нацеленный на удовлетворении потребностей прежде всего ребенка. Такой подход позволяет педагогу вызвать и/или укрепить доверие, которое способствует пониманию в общении с детьми, тем самым создает базу для максимальной поддержки в развитии детей как личностей.

Безусловно, коучинг основан на определенных принципах и убеждениях. С точки зрения коучингового подхода, выстраивание доверия играет ключевую роль – ребенок будет вести диалог с педагогом (воспитателем, учителем) только тогда, когда последний будет вызывать у него доверие. Причем здесь важна не только профессиональная составляющая, но и личностная – педагог как личность. А для того, чтобы вызвать доверие, необходимо следовать следующим фундаментальным принципам в коучинге:

1. Эмпатическое принятие ребенка таким каков он есть.
2. Способность видеть в ребенке только хорошее и общаться с ним на равных - как с полноценным, умным, способным, умелым и талантливым.
3. Проявлять интерес к ребенку – именно к нему, к его проблемам, задачам радостям и победам.
4. Проявлять искренность. Дети очень чувствуют ее, причем, с самых первых минут диалога.

В процессе взаимодействия с взрослыми (педагогами), построенного на этих принципах, ребенок учится доверять людям, быть более открытым с ними, толерантным и преодолевать прошлый негативный опыт недоверия, если он есть. В основе коучинговых технологий в обучении и воспитании, как утверждают специалисты, заложена идея о том, что ребенок - это не пустой сосуд, наполняемый знаниями и установками. Ребенок скорее напоминает жёлудь, уже содержащий в себе огромный потенциал, необходимый чтобы стать могучим, прекрасным дубом. В этом его становлении – взрослении важно уверенность его в свои силы, поощрение, свет, поддержка - способность вырасти уже заложена в каждом ребенке [4].

Первый и основной навык, который необходимо иметь педагогу, взявшему на вооружение методы и подходы коучинга, – это установление взаимопонимания и доверия с ребенком. Основой всех коуч-диалогов с ребенком выступает доверие между ребенком и взрослым, то ощущение тепла, на котором строится это доверие. Безусловно, умением доверять обладают многие люди, но у одних это получается естественно, другим приходится этот навык развивать. Доверие складывается в безопасном пространстве для ребенка и завоевывается постепенно и выстраивается из мелочей: прийти, когда договорились, выполнить, что обещал. Ощущение доверия дает невероятно много сил: ребенок видит, что взрослый действительно на его стороне, он - его союзник, уважает его интересы и планы и стремится быть честным и откровенным с ним. Ребенок начинает осознавать, что в его жизни есть человек, который верит в него, в его силы, его успех. Доверие и безоценочное принятие педагогом ребенка таким, каков он есть, – это мощная движущая сила развития.

Ключевым элементом в коучинге выступают осознание и ответственность: «Я знаю, что я могу изменить свою жизнь (уверенность) и как я могу (технология достижения)». Именно на этих принципах коучинга возможно выстраивать процесс формирования доверия и согласия в обществе в отношениях с людьми и самим собой.

В коучинговом подходе к воспитанию создается атмосфера сотворчества педагога и ребенка. Со стороны педагога это учет интересов ребенка, бережное направление его, выбор для этого наиболее эффективных средств, например, системы наводящих вопросов. Для ребенка – это пространство творческого поиска, в котором присутствует все: и осознание своих желаний, и исследование своих выборов, и смелость в принятии решений, активная деятельность по достижению поставленных целей. Используя эффективные вопросы, педагог-коуч подводит ребенка к тому, чтобы он сам нашёл ответы в решении своих проблем, принимая на себя ответственность за эти принятые им решения. Педагог - коуч всегда стремится направить ребенка на будущее, а не на прошлое – на поиск решений, на выбор их, а не на остановке в решении проблем [5].

Одним из основных средств влияния педагога-коуча является выстраивание диалога с ребенком, используя систему вопросов, умение слушать и выслушивать, наблюдение и размышление. Предпочитаемые методы и технологии поддержки в коуче: беседа, использование открытых и «сильных» вопросов, «лестница вопросов» по логическим уровням, тоны голоса, метод глубинного слушания, партнерское сотрудничество, «колесо жизненного баланса», шкалирование, «линии времени», «стратегия У. Диснея» и др. Например, «Открытые вопросы». Это вопросы, на которые нельзя ответить просто «да» или «нет». Обычно они начинаются со слов: что? как? зачем? каким образом? при каких условиях? Такие вопросы провоцируют на размышления, дискуссии, открытия: «Что ты имеешь в виду, когда говоришь?», «Какой результат ты хочешь получить?», «Как бы ты сформулировал задачу?», «Колесо баланса». Для составления «Колеса баланса» рисуем окружность и делим ее на 8–10 равных частей. Эти части заполняются самым разным содержанием (цели, этапы проекта, ценности, элементы занятия и др.). Визуализация позволяет выделить главное, найти правильное соотношение, оценить себя, составить план действий.

Эффективным является также освоение ребенком алгоритма миролюбивого разрешения конфликтов, предлагаемого в коучинговых технологиях. Традиционно в школьной среде существует ряд способов решения конфликтных ситуаций между сторонами: административно-карательный (вызов к директору, приглашение родителей и пр.); дети сами решают конфликт с использованием силы; приглашается психолог и решает ситуацию как специалист; замалчивание конфликта. Но если исходить из того, что конфликт — это совсем не обязательно плохо и что он является толчком для дальнейшего развития путем разрешения противоречий, тогда все зависит от способов выхода из конфликтной ситуации. Применение коучинговых технологий позволяет сгладить конфликтное состояние, перевести его в русло построения конструктивного диалога, «вытащить» на поверхность то, что действительно важно и ценно для ребенка, взрослого человека, то есть конфликтующих сторон. Благодаря такому, я бы сказала «миролюбивому», подходу можно решить конфликт не силовым способом, а через понимание себя и другого, коммуникацию, возможность слушать и слышать*(*Исследование выполнено при финансовой поддержки РГНФ 16-06-00282-а).

Литература

1. Антонова Д.О., Шапошникова Т.Д. Перспективы развития российского образования в рамках общемировых образовательных тенденций /Вестник Российской академии образования № 4.- 2007. – С.20-22.

2. Джон Уитмор Коучинг высокой эффективности. Новый стиль менеджмента. Развитие людей. Высокая эффективность. – М., Международная академия корпоративного управления и бизнеса. 2005. – 168 с.

3. Коменский Ян Амос. Учитель учителей. Избранное. Изд.-во Карапуз. – М. – 2008. – 288 с.

4. Анна Быкова Воспитание с стиле коучинг. // annabykova.ru/shkolnyj-vozrast/vospitanie-v-stile-kouching.html

5. Педагогика: личность в гуманистических теориях и системах воспитания //Учеб пособие для студентов средних и высших пед. учеб. заведений, слушателей ИПК и ФПК.. Под общей редакцией Е.В.Бондаревской. - М. – Ростов-н/Дону. Творческий центр «Учитель» 1999 – 560 с.

Монахова Е.Г.
кандидат педагогических наук, доцент кафедры физической культуры
НИФ КемГУ г. Новокузнецк
monakhova.lena2011@yandex.ru

МОНИТОРИНГ ФОРМИРОВАНИЯ ФИЗИЧЕСКОЙ КУЛЬТУРЫ ЛИЧНОСТИ СТУДЕНТОВ IT-СПЕЦИАЛЬНОСТЕЙ

Современная высшая школа направлена на формирование специалиста, обладающего достаточным уровнем профессиональной культуры и компетентности. В рамках становления новой парадигмы высшего профессионального образования существенное значение приобретают вопросы обеспечения социальной адаптации обучающегося к изменяющимся жизненным условиям, формирования духовно и физически здорового специалиста. Постановка этих вопросов особенно актуальна в связи с переосмыслением деятельности во всех сферах жизни общества и личности, где физической культуре личности отведено одно из ключевых мест.

Физическая культура представляет собой сложное общественное явление. Основополагающим принципом физкультурного воспитания является единство мировоззренческого, интеллектуального и телесного компонентов в формировании физической культуры личности студента, обуславливающие образовательную, методическую и деятельностно-практическую направленность воспитательного процесса.

Двигательная активность важна для человека каждой профессии и любого возраста. Но это особенно актуально для студентов факультетов информационных технологий. Именно будущие IT-специалисты оказываются в группе риска в первую очередь, так как профессия программиста относится к малоподвижным видам деятельности, в процессе которой на специалиста действуют отрицательные факторы: сидячее положение в течение длительного времени, длительное исключение из двигательной активности многих групп мышц и суставов, монотонность движений отдельных групп мышц (например, пальцев рук), значительная физическая нагрузка на суставы кистей, перегрузка органов зрения [6].

Модернизация физкультурной деятельности будущих IT-специалистов в вузе, основанная на формировании физической культуры личности, должна содействовать повышению качества их профессиональной подготовки. В сложившейся ситуации высшего профессионального образования обнаруживаются противоречия между возрастающими требованиями нормативных документов к качеству профессионального образования и недостаточным использованием в образовательной практике целостного диагностического инструментария для своевременной оценки, отслеживания, прогнозирования состояния педагогического процесса и перспектив его развития. Также в высших учебных заведениях наблюдается применение традиционно одностороннего мониторинга, охватывающего лишь физическую составляющую данного феномена.

В связи с этим особую значимость приобретает разработка системного мониторинга формирования физической культуры личности студента, в контексте изучения учебной дисциплины «Физическая культура».

В современной научной литературе встречается множество трактовок понятия «мониторинг». Значимыми для нашего исследования в плане выявления особенностей понятия мониторинг представляют интерес работы С. Н. Силиной, Э. Ф. Зеер, А. С. Белкина, В.Н. Соловьева.

С. Н. Силина рассматривает мониторинг с точки зрения методологии как универсальный тип деятельности [8]. Э. Ф. Зеер определяет мониторинг как процесс отслеживания состояния объекта с помощью непрерывного или периодически повторяющегося сбора данных, представляющих собой совокупность определенных ведущих показателей [4]. В работах А. С. Белкина мониторинг рассматривается как непрерывное научно-обоснованное диагностико-прогностическое отслеживание образовательного процесса [1]. В.Н. Соловьев считает, что мониторинг необходим, когда при построении какого-либо процесса важно отслеживать реально происходящие изменения в состоянии объектов, чтобы научно-обоснованно управлять данным процессом [9]. Обобщив все подходы к пониманию сущности мониторинга можно сделать вывод, что мониторинг обладает рядом особенностей, а именно: научность, целостность, системность, непрерывность, информационная оперативность, диагностичность и обратная связь.

В практике повседневной физкультурной работы применяются программы и программно-методические комплексы на основе использования современных информационных технологий от простых (например, опросники) до сложных экспертных систем [3; 7]. Несомненным преимуществом использования подобных мониторинговых систем является их большая пропускная способность и несомненная экономическая эффективность.

Данное исследование было проведено в Новокузнецком институте (филиал) Кемеровского государственного университета со студентами факультета информационных технологий. Целью исследования являлось выявление факторов, снижающих эффективность формирования физической культуры личности студентов IT-специальностей и определить содержание и направленность процесса физического воспитания студентов IT-специальностей в рамках учебных академических занятий. В исследовании приняли участие 74 студента: 21девушка и 53 юноши.

Для решения поставленных задач применялись следующие методы исследования: педагогические наблюдения, тестирование, анкетирование, педагогический эксперимент, математико-статистический анализ экспериментальных данных.

Уровень физической подготовленности студентов факультета информационных технологий определялся путем применения общепринятых тестов: бег 3 000 м, плавание 50 м, прыжки в длину с места, подтягивание в висе лежа (перекладина на высоте 90 см), приседание на одной ноге с опорой рукой на стену – для девушек; бег 5 000 м, плавание 50 м, прыжки в длину с места, сгибание и разгибание рук в упоре, поднимание в висе ног до касания перекладины – для юношей.

Для оценки функционального состояния сердечно-сосудистой системы студентов использовалась проба Мартине (A. Martinet).

В исследовании применялись три вида анкет: для оценки уровня знаний в области физической культуры; для оценки объёма двигательной активности студентов; для определения отношения студентов к ценностям физической культуры.

Основываясь на анализе результатов педагогических наблюдений, тестирования уровня физической подготовленности, анкетирования можно сделать вывод, что процесс физического воспитания на учебных занятиях по физической культуре происходит в условиях действия ряда факторов, значительно снижающих его эффективность. Негативное отношение у студентов IT-специальностей к учебным занятиям по физической культуре вызывают состояние утомления после них (особенно после занятий плаванием) и, как следствие, невозможность усваивать в полном объеме учебный материал на других предметах. Также студенты указывают на невозможность соблюдения рационального режима питания и отрицательную оценку своей физической подготовленности однокурсниками и преподавателем. Последний из названных факторов осложняется еще и тем, что диапазон результатов в системе оценки физической подготовленности студентов вузов уже, чем действительное значение многих показателей их физического развития.

Значимым негативным фактором студенты называют и несоответствие времени начала учебных занятий по физической культуре их индивидуальным биоритмам. Подавляющему большинству студентов (85,1%) сложно заниматься физической культурой утром на первой паре.

Действие вышеуказанных отрицательных факторов негативно сказывается на формировании структуры физической культуры личности студента, так как нарушаются взаимосвязи между операционным, мотивационно-ценностным и практико-деятельностным компонентами. Стоит отметить, что с ростом объёма знаний в области физической культуры не только не происходит увеличения объёма двигательной активности студентов, но и происходит его значительное снижение.

Для ликвидации этого проблемного поля в процессе физического воспитания необходимо совмещать собственно двигательную активность с формированием знаний в области физической культуры и потребностей в освоении её духовных и материальных ценностей. При этом двигательная активность студентов должна носить оздоровительный характер. А мотивированность студентов в учебных занятиях по физической культуре возможна только при условии соответствия содержания занятий их интересам.

Список литературы:

1. Белкин, А. С. Педагогический мониторинг образовательного процесса. / А.С. Белкин, В.Д. Жаворонков, С.Н. Силина. – Шадринск: ШГПИ, 1998. – 46 с.
2. Герасимова, И.А. Формирование физической культуры и здорового образа жизни у студентов высших учебных заведений на основе их личностной самооценки : дис. ... канд. пед. наук : 13.00.08 / Ирина Александровна Герасимова; Волжский гос.университет. – Волжский, 2000. – 131 с.
3. Жолдак, В.И. Социология менеджмента физической культуры и спорта / В.И. Жолдак ; Автор С.Г. Сейранов. – Москва : Советский спорт, 2003. – 384 с.
4. Зеер, Э.Ф. Профессионально-образовательное пространство личности / Э.Ф.Зеер. – Екатеринбург, Нижнетагил. гос. проф. колледж им. Н.А. Демидова, 2002. – 126с.
5. Макарова, Г.А. Спортивная медицина : учебник / Г.А.Макарова. - М.: Советский спорт, 2003. – 480 с.
6. Монахова, Е.Г. Исследование мотивации студентов IT-специальностей к занятиям физической культурой / Е.Г.Монахова // Научный альманах. – 2016. № 5-2 (19). – с.207-210.
7. Педагогика физической культуры и спорта : учебник для студ. высш. учеб. заведений / [С. Д. Неверкович, Т. В. Аронова, А. Р. Баймурзин и др.]; под ред. С. Д. Неверковича. – М. : Издательский центр «Академия», 2010. – 336 с.
8. Силина, С.Н. Профессиографический мониторинг становления специалиста в образовательном процессе педагогического вуза : дис. ... д-ра пед. наук : 13.00.08 / Светлана Николаевна Силина; Уральский гос.пед.университет. – Екатеринбург, 2002. – 500 с.
9. Соловьев, В. Н. Оздоровительные технологии и социальные проблемы в физическом воспитании студентов : учебно-методическое пособие / В. Н. Соловьев. – Ижевск: УдГУ, 2005. – 515 с.

Цуканова Л.Д.
доцент, кандидат педагогических наук
Московский государственный университет путей сообщения
императора Николая II (МИИТ)

РОЛЬ ДЕЛОВОГО ОБЩЕНИЯ В РАЗВИТИИ ПРОФЕССИОНАЛЬНО ОРИЕНТИРОВАННОЙ КОММУНИКАТИВНОЙ КОМПЕТЕНЦИИ

Одним из требований, предъявляемых к выпускникам неязыкового вуза, является реализация коммуникативной компетентности в процессе обучения.

Для того чтобы достичь высокого творческого уровня в коммуникативной компетентности, преподаватель должен специально создавать определенные условия для активизации познавательной деятельности, реализация которых обеспечила бы эффективность и активизацию обучения.

Понятия «профессионально-ориентированное обучение иностранным языкам» и «профессионально-ориентированная коммуникативная компетенция» требуют определенного пояснения. В методике наблюдается грань между профессиональным и общим обучением иностранным языкам.

Целевое, профессионально-ориентированное обучение иностранным языкам строится не только на базе общеупотребительной межстилевой лексики, но и в значительной мере на лексике, свойственной определенной профессиональной группе, то есть «на лексике, используемой в речи людей, объединенных общей профессией». (Лаврененко М.М.)

Сальная Л.К. определяет профессионально ориентированную коммуникативную компетенцию как способность специалиста осуществлять эффективное иноязычное общение, способствующее успешной профессиональной деятельности

Роль «делового общения» в сфере профессиональной коммуникации непрерывно возрастает с развитием информационных технологий и расширением границ коммуникативного пространства, а стиль делового общения становится неотъемлемой частью не только сферы бизнеса, экономики, управления, но и общественной жизни в целом.

Сущность коммуникативной концепции при обучении иностранному языку в неязыковом вузе заключается в том, что в процессе учебных занятий создаются специальные условия, в которых обучающийся, опираясь на приобретенные знания, самостоятельно решает коммуникативные задачи средствами иностранного языка в процессе моделирования ситуаций профессионального общения или в процессе поиска решений при чтении научной литературы. При этом акцент делается на подготовке и организации обучения деловому общению с помощью мотивации развития коммуникативной компетентности будущего специалиста в различных сферах профессиональной деятельности.

Успешности развития коммуникативной компетентности с помощью акцента на «деловом общении» способствует новизна и актуальность тематики «делового общения», а также новые образовательные технологии в организации и проведении самого общения, чтобы оно стимулировало мотивацию на совершенствование и автоматизацию коммуникативной компетентности.

«Деловое общение» может проходить в разных условиях и режимах:
1) официального индивидуального контакта;
2) делового неофициального разговора;
3) свободной (неофициальной) беседы;
4) групповой, официальной беседы;
5) монолога в групповой беседе;
6) публичного «делового общения».

Коммуникативная обстановка в процессе управляемого «делового общения» создается поведением участников общения, в том числе и преподавателя. Коммуникативное поведение обучаемых заключается в адресованности ее адекватном восприятии, а также для достижения эффективности которой, важно межличностное восприятие и целостное отражение внешнего облика и поведения другого человека, его понимание и оценка.

Важный аспект в деловом общении - широкое использование коммуникантами штампов, клише, стандартных формул и выражений. Клише сравнивают со штампом, т. е. речевым окрашенным средством речи, отложившемся в коллективном сознании носителей данного языка и рассматривают как устойчивый, "готовый к употреблению" знак для выражения определенного языкового содержания, имеющего экспрессивную и образную нагрузку. Штамп представляет структурную и содержательно-смысловую единицу (речи): слово и словосочетание, предложение и высказывание. Клише имеет информативно- необходимый характер. Речевые *формулы-клише* и конструкции служат ориентации на вежливое общение и регуляции взаимодействия партнеров, выбираемые в соответствии с обстановкой, тональностью и ситуацией общения.

В качестве примера можно привести следующие <u>стереотипные клишированные конструкции письменной коммуникации:</u>
Клише и выражения писем-запросов:
- With regard to your advertisement in ... of ...
- Would you please inform us if it is possible to deliver...
- Could you let us have a quotation for ...
- We would like to get in touch with manufacturers of...

Клише и выражения писем-предложений:
- We take pleasure in sending you the desired samples and offer...
- Our proposal is valid till...
- We can give you a 5 per cent discount
- We would appreciate if we get the order from you as soon as possible.

Клише и выражения писем-заказов:
- We accept your offer and have pleasure in placing an order with you for ...
- Please send the copy of this order to us, duly signed, as an acknowledgement.
- Please confirm that you can supply...

Использование коммуникантами штампов, клише, стандартных формул и выражений в деловом общении обеспечивает направленность речевого поведения на эффективность воздействия, экономию мышления, быстроту реагирования и активное включение в контакты.

На современном этапе уровень развития коммуникативной компетентности «делового общения» в неязыковом вузе требует дальнейшего изучения. Необходимо исследовать и более четко определить педагогические основы развития коммуникативной компетентности «делового общения», особенности и условия организации процесса иноязычного делового общения в системе вузовского образования.

ЛИТЕРАТУРА

1. Лаврененко М.М. Профессионально-направленное обучение студентов юридического профиля. // Вестник «Филологические науки» №1, - М.: МГОПУ, 2004. - С.41 - 42
2. Сальная Л.К. Обучение профессионально ориентированному иноязычному общению / Под ред. И.А. Цатуровой. – Таганрог: Изд-во ТТИ ЮФУ, 2009. – 198 с.
3. Пенина Л.С. – Профессионально ориентированное обучение английскому языку студентов юридического факультета // Сборник статей по материалам VII Международной научно-практической конференции «Наука и образование – 2010/2011». Прага 2010-2011 – с.29-38
4. Образцов П.И. Иванова О.Ю. Профессионально-ориентированное обучение иностранному языку на неязыковых факультетах вузов: Учебное пособие/ Под ред. П.И. Образцова. – Орёл: ОГУ, 2005.
5. Петрова Е.О. Обучение профессионально ориентированному общению на иностранном языке как показатель конкурентоспособности. // Вестник Красноярского государственного педагогического университета им. В.П. Астафьева № 2, 2015,С. 72-76

Милованова Л.А., Брякова О.Н.

кандидат филологических наук, доцент кафедры педагогики, теории и методики образования ФГБОУ ВО «Шадринский государственный педагогический университет»; заместитель директора по воспитательной работе МКОУ «СОШ № 20» г. Шадринска, магистрант 6 курса педагогического факультета ФГБОУ ВО «Шадринский государственный педагогический университет»

ФОРМЫ ВНЕУРОЧНОЙ ДЕЯТЕЛЬНОСТИ ПО РАЗВИТИЮ ЧИТАТЕЛЬСКОГО ИНТЕРЕСА У МЛАДШИХ ШКОЛЬНИКОВ

В настоящее время в России отмечается снижение читательской культуры личности. В этой связи национальная программа предлагает модернизацию учебных программ и внедрение современных методик обучения в общеобразовательные школы и вузы, делая акцент на воспитание читательской культуры через активизацию чтения, на формирование информационной компетентности личности и читательской компетентности.

Интерес к чтению следует развивать уже в начальной школе, так как именно в этом возрасте закладываются и формируются основные читательские умения и навыки.

Внеурочная деятельность содержит огромный потенциал по развитию читательского интереса, поэтому учителю следует применять разнообразные современные формы внеурочной деятельности, направленные на развитие читательских интересов младших школьников.

Библиодартс – интерактивная игра, предполагающая участие двух команд. Тематика может быть любая. Подготавливается мишень, которая делится на три блока вопросов. Каждый блок в свою очередь разбивается на сектора, содержащие определенный круг вопросов. Попадая дротиком в сектор, ученику задается вопрос. В процессе игры можно заполнять кроссворд.

Библио-кросс проводится с целью привлечения к чтению книг. Учитель предлагает учащимся прочитать произведения на определенную тему или за установленное время. Победителем становится ученик, прочитавший максимальное количество книг. Формой контроля в данном случае может выступать презентация читательских дневников.

Бюро литературных находок – игра с потерянными стихотворными строчками, с перемешанными отрывками из произведений разных писателей. Учащиеся должны «возвратить» пропажу на свои места. Можно предложить школьникам выполнить мини-проект и рассказать историю, связанную с тем или иным предметом из литературного произведения.

Караван книг – презентация книг, объединенных общей тематикой, например, караван новинок, караван позабытых книг.

Книжные жмурки – заранее подготавливается книжная выставка с плотно обернутыми книгами. Школьники вслепую берут книги на час тихого чтения. Можно предложить ученикам угадать автора данного произведения или назвать это произведение.

Литературная дуэль – мероприятие-поединок двух команд, состоящее из нескольких раундов. Каждая команда по очереди выполняет предложенное задание на литературные темы.

Литературная загадка – это игра, где нужно угадать произведение и писателя по прочитанному отрывку из книги. Также в качестве загадки может быть предложена книжная иллюстрация или портрет писателя.

Литературная печа-куча (с япон. – «болтовня») – это презентация кратких докладов, преднамеренно ограниченных по форме и во времени на неформальных конференциях. Литературная печа-куча проводится в традиционной форме: учащиеся подготавливают доклады, сопровождаемые красочными презентациями из 20 слайдов. Время, отводимое для показа одного слайда и его комментария, всего 20 секунд. Таким образом, выступление каждого оратора продолжается не более 6 минут 40 секунд. После каждого доклада ученики могут поделиться своим мнением или задать вопрос выступающему.

Литературный аукцион – литературная игра, повторяющая условия настоящих аукционов: победителем становится тот, кто последним даст правильный и самый полный ответ на заданный вопрос. При организации данного мероприятия необходимо приготовить книги для торгов, а также подобрать вопросы, которые будут заданы игрокам. Например: ведущий произносит фамилию известного писателя, участники поочередно называют его произведения. Можно предложить задание, где нужно вспомнить название книг, в которых встречается числительное, цвет или кличка животного. Другим условием аукциона может стать предложенная буква, игроки должны перечислить произведения, фамилии писателей или имена литературных героев, начинающихся на указанную букву. На торги могут выставляться предметы, принадлежащие литературным героям.

Литературный глобус – цикл мероприятий, посвященных творчеству писателей разных стран. Тематика может быть разнообразной: писатели-юбиляры, книги на одну тему.

Литературный гороскоп построен по типу зодиакального гороскопа. В нем отражено отношение каждого знака зодиака к чтению, каким жанрам отдать предпочтение, на каком выборе книг остановиться, какого автора читать.

Литературный журфикс – в начале года выбирается определенный день недели для регулярных встреч с приглашенными гостями, так или иначе связанными с миром литературы.

Литературный каламбур – комическая игра, которая может содержать вопросы по творчеству писателей-однофамильцев (Лев Толстой – Николай Толстой), по сказкам с одинаковым сюжетом или главными героями.

Литературный календарь – в классном уголке можно разместить отрывной календарь на текущий год, в котором отражены важные даты и события из мира литературы. Это может быть день рождение писателя, юбилей книги.

Литературный квест – игра-путешествие с преодолением трудностей. Можно совершить путешествие по литературным жанрам, по разным странам, выполняя различные задания.

Литературный компас – игра, в которой участникам предлагается выполнить задания поискового характера, например, разгадать кроссворд и найти ключевое слово.

Неделя одного жанра – серия мероприятий, посвященных книгам определенного жанра. В течение недели учитель подготавливает книжные выставки, экскурсии, встречи с писателями, литературные викторины, читательские конференции по произведениям указанного жанра.

Пазл читательских предпочтений – учитель создает серию пазлов на любую литературную тему. Учащиеся сами выбирают интересующую тематику пазла и собирают его. Также в классном уголке можно поместить собранный пазл, предварительно каждый ученик на отдельном пазле должен записать автора и название любимой книги.

Родословная книги – форма мероприятия, на котором рассказывается об истории создания книги.

Сказка вслух – учитель выразительно читает школьникам сказки. По окончании чтения можно провести игру **«Литературный сундучок»**, где вопросы и задания по прочитанной сказке вынимаются из сундучка.

Сторисек (с англ. – «мешок историй») – литературный проект. Учитель в полотняный мешок складывает художественную иллюстрированную детскую книгу с дополнительными материалами. Это могут быть мягкие игрушки (главные герои книги), реквизиты (предметы обихода, бытовые предметы из произведения), компакт-диск с аудиозаписью текста произведения, шпаргалки для родителей в виде советов или рекомендаций. В мешок можно положить костюмы для инсценировки или пальчиковые куклы для минитеатра. Каждый ученик по желанию может взять сторисек домой для прочтения книги в кругу семьи. Основной целью сторисека является получение удовольствия от чтения, стимулирование интереса к книге.

Флешбук – в течение установленного времени учитель знакомит учеников с определенной книгой посредством цитат из нее, иллюстраций, через биографию автора, через личные переживания и другой информации о книге.

Таким образом, систематическое использование разнообразных форм внеурочной деятельности в учебно-воспитательном процессе способствует развитию читательских интересов у младших школьников.

Воронина М.В., Шапошникова Т.Д.

М. В. Воронина – Благовещенский государственный педагогический университет г. Благовещенск, старший преподаватель

Т. Д. Шапошникова – к.п.н., старший научный сотрудник Института стратегии развития образования РАО, г. Москва, tatianashap@inbox/ru

ОЦЕНКА РЕЗУЛЬТАТИВНОСТИ ДЕЯТЕЛЬНОСТИ ВОЛОНТЕРОВ В СОЦИАЛЬНЫХ ЦЕНТРАХ

Инновационным направлением в работе социальных центров является привлечение к их деятельности различного рода добровольческих объединений и организаций, волонтеров (на основе партнерского сотрудничества и договоров). Сегодня в России большое внимание уделяют процессам вовлечения граждан в добровольческую (волонтерскую) деятельность. Так, в концепции долгосрочного социально-экономического развития Российской Федерации на период до 2020 года содействие развитию и распространению добровольческой деятельности (волонтерства) отнесено к числу приоритетных направлений социальной и молодежной политики. В 2009 году Правительством Российской Федерации была одобрена Концепция содействия развитию благотворительной деятельности и добровольчества в Российской Федерации (распоряжение Правительства Российской Федерации от 30 июля 2009 г. №1054-р). В данном направлении социальной деятельности общественные инициативы следуют мировым тенденциям в развитии демократических и гуманистических основ построения государства [1].

При том что волонтерскому движению уделяется достаточно внимания со стороны государственных структур, оно является достаточно новым для российского контекста феноменом. Поэтому возможности, перспективы и социальный эффект от развития добровольческого движения не вполне понятны как обществу, так, зачастую, и организаторам добровольческих инициатив, лидерам добровольческого движения. Масштабы развития добровольческого движения привлекают пристальное внимание общественности и организаций всех секторов экономики к деятельности добровольческих центров и добровольческих объединений. Несмотря на то, что многие добровольческие организации регулярно информируют общественность о своей деятельности через СМИ и публичные отчеты, единой методики оценки эффективности добровольческих организаций, объединений, центров сегодня нет. Многие добровольческие объединения ведут учёт количественных показателей, которые не доказывают эффективности добровольчества с точки зрения общественности. Например, как отмечают специалисты, факт того, что детский дом посещают 30 добровольцев, а не 15 ещё не является гарантией того, что жизнь воспитанников этого детского дома изменилась к лучшему и совершенно не объясняет, какие именно изменения вызывают добровольческие инициативы [2, 21]. Данные факты говорят сами за себя и приводят к выводу том, что деятельность волонтеров должна оцениваться по своим итогам и иметь параметры, по которым определяется результативность их работы. В этом отечественным структурам и добровольческим организациям может пригодиться и помочь международный опыт в данной области (Артеменкова И. Л., Микерина Г. И, Павлова Н. В.) [3, 22; 4].

Сравнительный опыт международных исследований свидетельствует о том, что в каждом конкретном случае, результатом оценки должен стать или ответ на вопрос заказчика оценки, или прояснение ситуации в одном из сегментов деятельности организации, или понимание ситуации в целом [5, 23; 6, 98]. Однако существуют и другие основания для оценивания результативности и итогов деятельности добровольческих организаций в рамках социальных центров. Например, если же предположить, что цель оценки – определение «точек роста» для организации, то процесс оценки, безусловно, будет способствовать:

- пониманию актуальности целей и задач, ставящихся перед организацией и добровольцами;
- улучшению качества услуг для их получателей;
- улучшению эффективности организационных систем и процедур;
- лучшей коммуникации между сотрудниками, добровольцами и получателями услуг;
- повышению мотивации среди сотрудников, добровольцев и получателей услуг;
- большему доверию и достижению согласия в общении с донорами ресурсов;
- поиску новых решений, открывая новые перспективы и способы работы;
- прогнозированию результатов деятельности и др.

Методы оценки результативности деятельности социальных центров и в их рамках волонтерских организаций сегодня еще вызывают ряд нареканий, в связи с неадаптированностью к конкретным отраслям деятельности, бесконечной вариативностью методов и субъективизмом оценщиков. Оценить эффективность деятельности любой организации без проведения оценки и мониторинга практически невозможно. Поэтому имеет смысл проанализировать наиболее популярные системы и методы оценки на предмет адаптивности к особенностям деятельности социальных центров с привлечением волонтеров.

Анализ исследований в этом направлении (Лукьянов В. А., Михайлова С. Р., Постюшков А. В., Шапошникова Т. Д.) волонтерской деятельности определяется на основе измерения социального и экономического эффекта от добровольческих действий.

Так, деятельность считается экономически эффективной, если стоимость работ и услуг, произведённых добровольцами, превышает затраты на организацию добровольческой деятельности, и деятельность считается социально эффективной, если она приводит к решению социальных проблем, улучшению социальной ситуации, снятию социального напряжения, созданию позитивных социальных предпосылок, если производятся социально-полезные продукты и услуги, востребованные обществом [7; 8; 9].

Какими могут быть критерии (параметры) для оценки социального эффекта деятельности социальных центров с привлечением волонтеров? Выделяются следующие: количество волонтеров и получателей услуг, вовлечённых в работу социального центра; количество и качество создаваемых «социальных продуктов» (например, методических материалов, залов для занятий, пайков для бездомных и т.д.); снижение остроты социальных проблем, над решением которых работает социальный центр и волонтеры; характер публикаций, эфиров и т.д., имеющих отношение к деятельности центров и непосредственно волонтеров; количество трансляций опыта социальным центром в этом направлении другими* (Исследование выполнено при финансовой поддержке РГНФ проект № 15-06-10003 – а)

Литература

1. Шапошникова Т. Д. Особенности развития наднационального образования в России // Новое в психолого-педагогических исследованиях. – 2009. – № 3. – С. 41–49.
2. Никитина Н. Е., Жильцов А. В. Как оценить эффективность работы добровольческих объединений и добровольческих центров? – С-Петербург : Благотворительное общество Невский ангел, 2012. – 40 с.
3. Артеменкова И. Л., Микерина Г. И, Павлова Н. В. Международные стандарты оценки. – 7-е издание. – Пер. с англ. – М. : Российское общество оценщиков, 2005. – 122 с.
4. Партнёрская программа Совета Европы и Европейской Комиссии. Проектный менеджмент : практическое пособие №5. – Брюссель, 2002. – 37 с.
5. Шапошникова Т. Д. Культурологические ориентиры современной педагогической компаративистики // Новое в психолого-педагогических исследованиях. – 2012. – №4. – С. 22 – 26.
6. Фридаг Х. Р., Шмидт В. Сбалансированная система показателей. – М. : Омега-Л, 2006. – 117 с.

7. Лукьянов В. А., Михайлова С. Р. Общие рекомендации к процессу организации работ по определению эффективности добровольческой деятельности. – СПб, 2012. – 47 с.
8. Постюшков А. В. Оценочный менеджмент : Учебное пособие. – М., 2004. – 147 с.
9. Шапошникова Т. Д. К проблеме адаптации детей из семей мигрантов в современном социокультруном пространстве // Начальная школа. – 2012. № 5. – С. 87–90.

Гребнев Д.Ю.
д.м.н., и.о. зав.каф. патологической физиологии ГБОУ ВПО УГМУ
старший научный сотрудник ГАУЗ СО «Институт медицинских клеточных технологий»
Маклакова И.Ю.
к.м.н., ассистент кафедры патологической физиологии ГБОУ ВПО УГМУ
старший научный сотрудник ГАУЗ СО «Институт медицинских клеточных технологий»
Вечкаева И.В.
к.м.н., доцент кафедры патологической физиологии ГБОУ ВПО УГМУ
Попугайло М.В.
к.м.н., доцент кафедры патологической физиологии ГБОУ ВПО УГМУ
Тренина О.А.
к.б.н., доцент кафедры патологической физиологии ГБОУ ВПО УГМУ
Осипенко А.В.
д.м.н., профессор кафедры патологической физиологии ГБОУ ВПО УГМУ

ВОЗМОЖНОСТИ НАУЧНО-ИССЛЕДОВАТЕЛЬСКОЙ РАБОТЫ ДЛЯ ОПТИМИЗАЦИИ УЧЕБНОГО ПРОЦЕССА НА КАФЕДРЕ ПАТОЛОГИЧЕСКОЙ ФИЗИОЛОГИИ

Научно-исследовательская работа студентов (НИРС), в отличие от учебно-исследовательской, не является обязательной частью учебного процесса, хотя и оказывает на него положительное воздействие. НИРС проводится в свободное от учебных занятий время: студенты работают над индивидуальными или коллективными темами (связанными с кафедральной научно-исследовательской тематикой), участвуют в работе научных кружков и факультативов, выступают с сообщениями на студенческих научных конференциях. НИРС на кафедре патологической физиологии проводится в форме выполнения курсовых работ [2, с. 67, 4, с. 74; 9, с. 177]. Одним из важных условий допуска для выполнения НИРС является хорошая и отличная учеба в году. Такой подход к организации НИРС позволяет с одной стороны провести отбор исполнителей и повысить качество выполняемых работ, простимулировать хотя бы часть студентов повысить результаты своей учебы, чтобы попасть в число исполнителей НИРС, и, наконец, найти перспективных кандидатов на замещение педагогических и научных кадров. Данная работа проводится под руководством преподавателей кафедры по научной тематике кафедры, оформляется в форме курсовой работы и защищается на специальном заседании кафедры [3, с. 912; 6, с. 102; 8, с. 220]. На кафедре патологической физиологии активно развиваются такие научные направления как регенеративная медицина, клеточные биотехнологии, фармакологическая регуляция запрограммированной клеточной гибели, механизмы старения, механизмы действия экстремальных факторов [1, с.152; 5, с.349; 7, с. 115; 10 с. 177; 11, с. 60; 12, с. 201].

За последние 5 лет на кафедре патологической физиологии было проанализировано количество студентов разных факультетов, занимающихся научной деятельностью (таблица 1).

Таблица 1
Количество студентов, вовлеченных в НИРС на кафедре патологической физиологии

Факультет	Процент студентов, вовлеченных в НИРС				
	2011	2012	2013	2014	2015
Лечебно-профилактический	7,8	8,0	9,3	11,4	12,4
Педиатрический	7,1	8,5	8,9	12,0	12,2
Медико-профилактический	6,2	6,9	8,1	10,5	11,8
Стоматологический	8,3	8,8	9,3	12,7	14,6
Фармацевтический	8,2	9,5	10,3	12,6	13,8

При анализе данных вовлеченности студентов в научную деятельность на кафедре патологической физиологии установлено, что за последние 5 лет по всем факультетам было установлено, что их количество увеличилось.

Оценка выполнения различных форм УИРС и НИРС заложена в балльно-рейтинговую систему кафедры и существенно влияет на итоговую экзаменационную оценку студентов по патологической физиологии. Наличие выраженного творческого компонента, а также высокая оценка в балльно-рейтинговой системе УИРС и НИРС на кафедре патологической физиологии, создают повышенный интерес у студентов к этой работе.

Литература:

1. Гребнев Д.Ю. Влияние цитопротективной терапии тизолем на процессы регенерации миелоидной ткани и эпителия тощей кишки при воздействии ионизирующего излучения. Диссертация на соискание ученой степени кандидата медицинских наук. ГОУВПО "Уральская государственная медицинская академия". Екатеринбург, 2006
2. Гребнев Д.Ю. Перспектива применения сочетанной трансплантации стволовых клеток для восстановления гемопоэза. Вестник Уральской медицинской академической науки. 2012. № 3 (40). С. 67-68.
3. Гребнев Д.Ю., Ястребов А.П., Маклакова И.Ю. Изменения морфометрических показателей селезенки старых лабораторных животных после воздействия ионизирующего излучения на фоне трансплантации

стволовых клеток. Казанский медицинский журнал. 2013. Т. 94. № 6: С. 911-914.
4. Гребнев Д.Ю., Маклакова И.Ю., Ястребов А.П. Влияние различных доз ГСК при проведении сочетанной трансплантации с ММСК на регенерацию миелоидной ткани после воздействия ионизирующего излучения. Вестник Уральской медицинской академической науки. 2014. № 5. С. 73-75.
5. Гребнев Д.Ю., Маклакова И.Ю., Ястребов А.П. Перспектива использования стволовых клеток для активации кроветворения в условиях возрастной инволюции на фоне воздействия ионизирующего излучения. Успехи Геронтологии. – 2014. – Т. 27, № 2. – С. 348–352.
6. Маклакова И.Ю., Ястребов А.П., Гребнев Д.Ю. Оценка состояния миелоидной ткани зрелых и старых лабораторных животных после острой кровопотери на фоне введения мультипотентных мезенхимальных стромальных клеток. Вестник уральской медицинской академической науки. 2009. № 2. С. 102–103.
7. Маклакова И.Ю. Влияние мультипотентных мезенхимальных стромальных клеток, выделенных из плаценты, на регенерацию быстрообновляющихся тканей зрелых и старых лабораторных животных при воздействии экстремальных факторов; дис….канд. мел.наук: 14.03.03 / Маклакова Ирина Юрьевна. 2010. – ГОУ ВПО «Уральская государственная медицинская академия». Екатеринбург, 183 С.
8. Маклакова И.Ю., Ястребов А.П., Гребнев Д.Ю. Изменение морфометрических и цитологических показателей селезенки при острой кровопотере на фоне введения стволовых клеток. Успехи Геронтологии. 2015. Т.28, № 2. С. 218–221.
9. Ястребов А.П., Маклакова И.Ю., Гребнев Д.Ю., Сырнев В.А. Использование стволовых клеток для восстановления тканей при старении. Вестник Уральской государственной медицинской академии. 2009. № 20. С 177.
10. Ястребов А.П., Гребнев Д.Ю., Маклакова И.Ю. Коррекция регенерации миелоидной ткани после острой кровопотери у старых экспериментальных животных. Вестник уральской медицинской академической науки. – 2011. - № 4 – С. 103-105.
11. Ястребов А.П., Гребнев Д.Ю., Маклакова И.Ю. Исследование влияния стволовых клеток (ММСК, ГСК) на регенерацию селезенки в условиях воздействия ионизирующего излучения. Гены и клетки. 2013. Т. 8 № 3. С.60.
12. Ястребов А.П., Гребнев Д.Ю., Маклакова И.Ю. Стволовые клетки, их свойства, источники получения и роль в регенеративной медицине. Екатеринбург: УГМУ 2016. 272 с.

Романов П.Ю.
доктор пед. наук, профессор кафедры высшей математики
ФГБОУ ВО «Магнитогорский государственный технический университет им Г.И. Носова»,
Романова Т.Е.
кандидат пед. наук, доцент кафедры высшей математики
ФГБОУ ВО «Магнитогорский государственный технический университет им Г.И. Носова»

АЛГОРИТМ ВЫДЕЛЕНИЯ ПРИЕМА РЕШЕНИЯ ЗАДАЧ С ПАРАМЕТРАМИ

Задачи с параметрами составляют неотъемлемую часть материалов единого государственного экзамена по математике. Их решение вызывает немалые трудности у учащихся, которые могут быть объяснены отсутствием в ныне действующих учебниках четких методических указаний по решению задач данного класса.

В процессе обучения необходимо не только показать способы решения задач определенного типа, но и организовать процесс усвоению этих способов. Классно-урочная форма обучения, на наш, взгляд, позволяет организовать следующие этапы теории формирования умственных действий П.Я. Гальперина: ориентировка школьников в материале и способах работы с ним; осуществление пошагового контроля за усвоением каждого действия школьниками в ходе решения задачи; переход от пошагового контроля учащихся к их самоконтролю.

Рассмотрим систему разработанных нами задач по теме «Решение задач с параметрами» [5, 6, 7]. При их составлении мы руководствовались тем, что:
— число задач, входящих в систему, должно быть достаточным для организации каждого из этапов теории;
— сложность задач должна нарастать постепенно;
— последовательность задач должна способствовать активному участию школьников в моделировании ориентировочной основы формируемого действия [1,2].

Отметим, что симметрия аналитических выражений предлагаемых задач является основой для реализации поиска необходимых условий. Для того чтобы научить учащихся данному приему, необходимо выделить его ключевые моменты и систематизировать их, то есть построить ориентировочную основу действий. Рассмотрим конкретные примеры.

Задача 1. При каких значениях параметра a уравнение $2x^2 - a \cdot \text{tg}\cos x + a^2 = 0$ имеет единственное решение?

Задача 2. При каких значениях параметра a система
$$\begin{cases} x^2 - (2a+1)x + a^2 - 3 = y, \\ y^2 - (2a+1)y + a^2 - 3 = x \end{cases}$$
имеет единственное решение?

Задача 3. При каких значениях параметра a системы $\begin{cases} x + 4y = 4a^2 + a, \\ x + ay = a + 4 \end{cases}$

и $\begin{cases} x^2 - 3y^4 - 8x + 15 = 0, \\ x^2 + y^2 + (a^2 - a - 10)x + 5a + 20 = 0 \end{cases}$ равносильны?

Задача 4. Найти все значения параметра a, при которых система
$$\begin{cases} (2-\sqrt{3})^x + (2+\sqrt{3})^x - 5 = a - 2y + y^2, \\ x^2 + (2 - a - a^2)y^2 = 0, \\ 0 \le y \le 2 \end{cases}$$
имеет единственное решение?

На основе анализа проводимой деятельности совместно с учащимися была выявлена последовательность действий на поиск необходимых условий:

1. Установить четность выражений относительно переменных.
2. Определить вид решения в зависимости от требуемого количества решений (найти необходимое условие существования решений).
3. Решить исходную задачу по найденным значениям переменных.
4. Исследовать количество решений системы по найденным значениям параметра.

Выделенная последовательность является ориентировочной основой действий по решению задач с параметрами. Отработка данной последовательности действий на достаточном количестве задач позволяет сформировать у учащихся алгоритм решения задач такого типа, который далее может быть перенесен на другие типы задач с небольшими изменениями.

Приведенная система задач свидетельствует, что в данных задачах нахождение контрольных значений параметра не самый сложный этап ее решения. Наиболее трудоемким является проверка достаточности, то есть доказательство или опровержение того, что найденное контрольное значение параметра удовлетворяет условию задачи. Кроме этого, задачи с параметрами по структуре близки к исследовательским задачам [3]. В связи с этим процесс их решения, в частности, выделение необходимых условий, позволяет сформировать исследовательские умения у учащихся на достаточно высоком уровне, вооружая школьников исследовательскими компетенциями [4].

Заметим, что использованное в решениях понятие симметрии выражений, тесно связано с таким понятием как инвариантность (неизменность). Во всех рассмотренных задачах имела место инвариантность преобразований.

Следует отметить, что задачи с параметрами являются одним из основных средств организации исследовательской деятельности обучающихся (как школьников, так и студентов) в процессе их непрерывной профессиональной подготовки [8].

Список литературы

1. Гладышева М.М., Романов П.Ю. Моделирование системы формирования исследовательских умений будущих инженеров-программистов // Вестник Челябинского государственного педагогического университета. - 2007. - № 6. - С. 150-161.

2. Романов П.Ю. Принципы организации исследовательской деятельности учащихся в системе непрерывного образования // Объединенный научный журнал. - 2001.- № 7 (7). - С. 39-43.

3. Романов П.Ю. Психолого-педагогические основы решения творческих задач // Вестник Магнитогорского государственного университета. - 2001. -№ 2-3. - С. 340-345.

4. Романов П.Ю. Управление формированием исследовательских умений обучающихся в системе непрерывного педагогического образования // Государственная служба.- 2002.- №6. - С.99-105.

5. Романов П.Ю., Романова Т.Е. Решение задач с параметрами // Математика. Первое сентября.- М., 2001. - № 12. - С. 13-15.

6. Романов П.Ю., Романова Т.Е. Роль графической интерпретации результатов решения задач с параметрами в организации исследовательской деятельности учащихся // Современные проблемы обучения математике в школе / под ред. Е.И. Жилиной. – Магнитогорск, 2000.- С. 84-90.

7. Романов П.Ю., Романова Т.Е. Уравнение касательной к графику функции // Математика. Первое сентября.- 2001. - № 16. - С. 17-20.

8. Романов П.Ю. Теория и практика формирования исследовательских умений в процессе математической подготовки студентов: учебное пособие. - Магнитогорск, 2002.- 86 с.

Сидоренко Н.А.
старший преподаватель кафедры социологии и социальной работы
Морской технологический университет, РФ, Крым, г. Керчь

ПРИНУДИТЕЛЬНЫЕ МИГРАЦИИ В КРЫМУ В СОВЕТСКИЙ ПЕРИОД : ИСТОРИКО- ПОЛИТОЛОГИЧЕСКИЙ ЭКСКУРС

Объективным явлением политической действительности является тот факт, что миграция населения из социально-экономического и социально-демографического феномена стали феноменом политическим. Влияние миграций на сущность и направленность политических процессов в современном глобализирующемся мире столь велико, что затрагивает буквально все аспекты национальной и региональной безопасности. В связи с этим, особую актуальность приобретает комплексное изучение данного явления, с привлечением методов и данных наук социогуманитарного цикла. В частности, в рамках американской науки миграцию уже давно рассматривают как междисциплинарное явление, изучая, в том числе, и с позиций исторического знания.

В XX веке миграции являлись доминантой социально-исторического развития как всего СССР, так и отдельных ее регионов. Как утверждает П.М. Полян, в основе традиционно высокой мобильности населения СССР находился не простой и свободной выбор гражданами своего местожительства, обусловленный индивидуальными предпочтениями и особенностями факторов рынка труда и жилья, но совершенно иной тип мобильности, носящий «плановый, массовый и приказной (принудительный) характер» [3]. Весьма широкая дефиниция понятия «миграция», детерминирует и большое количество научных подходов к их типологии. Упомянутый нами автор типологизируя миграции выделяет насильственные и репрессивные миграции, отводя двум последним самую весомую роль в формировании социально-экономического и этнополитического пространства страны.

Было бы неправомерным утверждать, что все миграционные перемещения в СССР являлись принудительными (насильственными), однако их удельный вес в общем объеме миграций, особенно в послевоенный период, был весьма велик. Как весьма точно отметила И.М. Прибыткова: «Миграции неизбежно несут на себе отпечаток времени, а их характер и ход отражают политические, социально-экономические и общественные отношения, имманентные породившей их системе». [2, с.42]. Поэтому вплоть до смерти И.В. Сталина массовые миграции в СССР носили жесткий, принудительный характер.

В изучаемый нами период, на территории Крыма имели место, как принудительные, так и добровольно-принудительные, компенсационные, миграции. Учитывая пограничный статус полуострова, миграции призваны были выполнить здесь этнополитическую, социально-экономическую и социоконструирующую функции.

Традиционно, к категории принудительных миграций относят выселение в 1944 году 300 тыс. крымских татар, армян, болгар и греков. Учитывая так же факт огромного сокращения населения полуострова в результате военных действий, полуостров буквально обезлюдел. Так, если в 1940 году население Крыма составляло 1 127 тыс. человек, то к сентябрю 1945 года всего 589 тыс.

Стремясь как можно быстрее восполнить убыль населения, власти начали массированное переселение в Крым славянского населения. Организованные миграции сельского населения в Крым в конце 1940-1950-х гг., скорее напоминало эвакуацию, т. к. на сборы переселенцам отводилось минимум времени, а количество ручной клади не должно было превышать один чемодан. Крестьянские семьи отправлялись в Крым в так называемых «людских эшелонах», нередко не оснащенных элементарным: фонарями и ведрами, продуктами питания, хлебом, топливом и свечами. Поэтому находясь несколько месяцев в пути, переселенцы испытывали огромные бытовые трудности. Не менее сложно шел процесс адаптации на новых местах, что детерминировало огромный отток переселенцев, к которым применялись жесткие санкции, вплоть до судебных.

Не смотря на объективные и субъективные на трудности, власти продолжали массированные переселения, а численность населения полуострова постоянно росла. Так к 1959 она составила 1 201 чел., причем сельское население области выросло до 426 тыс. чел . В дальнейшем, рост численности населения продолжился и к 1989 году составил 2 430 495 чел.

Значение принудительных миграций для развития региона поистине глобально и его необходимо изучать в нескольких аспектах. Выше мы рассмотрели их влияние на рост численности населения полуострова. Кроме того они кардинально изменили этническую структуру, о чем красноречиво свидетельствуют данные таблицы №1.

Таблица 1

Национальный состав в %	1939	1959	1979	1989
Русские	49,6	71,4	68,4	67,5
Украинцы	13,7	22,2	25,6	25,7
Белорусы	6,0	1,8	2,0	2,06
Крым. татары	19,4	-	0,02	1,58

Как видим, следствием миграций населения стал значительный рост славянской этнической общности при абсолютном сокращении тюркской. Массовые миграции славянского населения в Крым сопровождались целым рядом официальных мер: изменением юридического статуса

Крыма, политикой переименований населенных пунктов, районов, гидронимов, созданием новой концепции этнической истории.

Учитывая этнополитические условия послевоенного заселения Крыма, можно утверждать, что именно русские сформировали культурное ядро полуострова. В условиях тотального доминирования русской культуры и русского языка, другие этносы, достаточно быстро втягивались в единое русскоязычное этнокультурное пространство.

В то же время, вырванный из привычной социокультурной и природно-климатической среды, крымско-татарский этнос так же пережил ряд серьезнейших трансформаций. Прежде всего, это процесс т.н. «мгновенной урбанизации», т.к. в Узбекистане, куда была направлена большая их часть, они, в массе своей, стали городскими жителями.

Кроме того, не смотря на дисперсное расселение в регионах, отличавшихся по уровню социально-экономического, исторического и культурно-языкового развития, в местах высылки завершился процесс этносоциогенеза крымско-татарского народа. Депортация стала и консолидирующим фактором, т.к. именно в Узбекистане окончательно оформилась «крымско-татарская» субэтническая идентичность и идея борьбы за возвращение в Крым. Процесс репатриации крымских татар растянулся на несколько десятилетий и породил целый ряд проблем политического и этносоциального характера. В настоящее время в КФО проживает чуть более 265 тыс. чел. крымских татар и как утверждают эксперты, процесс репатриации практически завершен [4].

Таким образом, принудительные миграции к которым мы отнесли послевоенные массовые миграции славянского населения и насильственное выселение крымских татар, оказали влияние пролонгированного действия, кардинально повлияв на этнополитическое и социокультурное развитие полуострова в прошлом и продолжая оказывать влияние сегодня.

Литература:

1. Акулов М. Р. Восстановительные работы в Крыму в 1944-1945 // Отечественная история. 1993. №3. С. 182-189.
2. Прибыткова И. М. Хроники миграционных событий в Украине до и после распада СССР // Социология: теория, методы, маркетинг. 2009 № 1. С. 41-77.
3. Полян П. М. Не по своей воле…История и география принудительных миграций в СССР. URL : http:// www.chechen.orq (дата обращения 18.07.16).
4. Межэтнические отношения и религиозная ситуация в КФО/ под ред. В.А. Тишкова; - Москва - Симферополь, Антиква. – 62 с.

Крылова А.В.
кандидат психологических наук, доцент, Стерлитамакский институт физической культуры (филиал) Урал ГУФК, Стерлитамак, Россия
Сабитова Л.Б.
кандидат педагогических наук, доцент, Стерлитамакский институт физической культуры (филиал) Урал ГУФК, Стерлитамак, Россия
Sifk_nayka@mail.ru

ПСИХОЛОГО-ПЕДАГОГИЧЕСКИЕ УСЛОВИЯ ПОВЫШЕНИЯ КАЧЕСТВА САМОСТОЯТЕЛЬНОЙ РАБОТЫ СТУДЕНТОВ

Переход высшей школы на новые государственные образовательные стандарты третьего поколения предполагает трансформацию концепции характера самого образования. Новая образовательная парадигма рассматривает в качестве приоритета интересы личности, адекватные современным тенденциям общественного развития. Если прежние концепции были рассчитаны на такие категории обучения, как знания, умения, общественное воспитание, то первоочередными категориями образования в контексте новых образовательных стандартов становятся компетентность, эрудиция, индивидуальное творчество, самостоятельный поиск знаний и потребность их совершенствования, высокая культура личности.

Реализация данных задач невозможна без повышения роли самостоятельной работы студентов (СРС) над учебным материалом, усиления ответственности преподавателей за развитие навыков самостоятельной работы, за стимулирование профессионального роста студентов, воспитание их творческой активности и инициативы. В этой связи в ГОС третьего поколения СРС в виде численных значений, выраженных в часах (зачетных единицах), также имеет место.

Так на специальности «Физическая культура» в Стерлитамакском институте физической культуры планирование СРС представлено следующим образом:

I курс – 1210 (общее количество часов на курс) / 618 (аудиторных, лекции и семинары); II курс – 1504 / 672; III курс – 1912 / 930; IV курс – 2040 / 938; V – 1046 / 536. Приблизительно такое же соотношение часов и на других специальностях.

Как видим, часов на СРС отводится немало, в процентном соотношении их доля составляет от 40-50% и занимает почти половину общего объема часов.

Однако практика работы демонстрирует нам малую часть студентов, владеющих навыками организации самостоятельной работы по подготовке к осуществлению будущей профессиональной деятельности (обычно это старшекурсники). В подтверждение этого нами был проведен опрос студентов с целью выявления их активности в осуществлении самостоятельной работы. В опросе участвовали студенты СИФК (филиал) Урал ГУФК, СФ БашГУ (очно) и студенты ряда других вузов (заочно), которые были опрошены посредством социальных сетей. Всего 636 человек. Опросник включал открытые вопросы следующего содержания: Сколько времени в день, неделю вы уделяете самостоятельной работе? Какие виды и формы самостоятельной работы вы знаете? В какой форме чаще всего вы осуществляете самостоятельную работу.

Результаты опроса показали, что основная масса студентов (67%) практически не использует предусмотренные в семестре часы по СРС, не осуществляет самостоятельную работу систематически и целенаправленно. Основной формой СРС студентов (88 %) является – подготовка к семинарским и лабораторным занятиям, а также выполнение контрольных заданий. Студенты-первокурсники продемонстрировали недостаточную осведомленность в организационных аспектах СРС и острую необходимость в организации и управлении данным видом работы, что детерминировано особенностями процесса адаптации к вузовским условиям обучения.

Отсюда возникает необходимость совершенствования организационного аспекта самостоятельной работы студентов, особенно на начальном этапе обучения студентов.

Исходя из этого, нами была предпринята попытка разработки и обоснования психолого-педагогических условий повышения качества самостоятельной работы студентов.

Поскольку мы рассматриваем самостоятельную работу студентов как систему, то в ней можно выделить несколько компонентов: мотивационный, организационный, рефлексивный, исполнительский и контрольный [2]. Каждый из этих компонентов требует соответствующего уровня развития определенных знаний, умений, навыков и личностных качеств.

Так мотивационный компонент требует умения активировать свой положительный интенциональный опыт, видеть жизненный смысл в выполняемой работе, поддерживать высокий уровень мотивации на всех этапах самостоятельной работы; знания и навыков владения приемами активации, настройки и стимулирования собственного интеллекта [1].

Исполнительский компонент требует от студента определенного уровня базисных знаний и умений. Развитых способностей к анализу, синтезу, сравнению, абстрагированию, обобщению, навыков работы с информацией.

Рефлексивный компонент предполагает способность соотносить знания о своих возможностях и вероятных преобразованиях в предметном мире и самом себе с требованиями деятельности и решаемыми при этом задачами [3].

Организационный компонент включает в себя следующие умения: определение объемов и этапов работы, постановка цели и задачи на каждом этапе, распределение времени при выполнении задачи, организация рабочего пространства. Привлечение дополнительных средств для самостоятельного выполнения задания.

Контрольный компонент включает в себя способность оценивать качество, как конечного продукта, так и отдельных этапов самостоятельной работы, умение подбирать адекватные методы и формы оценки.

Становится очевидным, что каждый компонент системы требует определенных условий обеспечения эффективности его реализации. В частности мы определяем психолого-педагогические условия.

Так как обеспечение мотивационного компонента предполагает, прежде всего, формирование устойчивого интереса к избранной профессии и методам овладения ее особенностями, эффективность его реализации будет определяться наличием *следующих психолого-педагогических условий*:

- формирование устойчивых учебных мотивов, мотивации и установки на профессию;
- обеспечение включенности студентов в формируемую деятельность будущей профессии;
- осуществление мониторинга учебной мотивации, мотивации и установки на профессию у студентов.

Исполнительский компонент в данном случае характеризуется тем, что учебная деятельность предполагает процесс решения задач. Исходя из этого, следует выделить следующие психолого-педагогические условия его успешной реализации.

Во-первых, применение оптимальных способов решения задачи. Между учебной деятельностью под руководством преподавателя и самостоятельными ее формами существует принципиальное различие, на которое не обращается достаточного внимания. Когда преподаватель ведет студентов от понятия к действительности, такой ход имеет силу только методического приема. Когда речь идет о формировании понятия путем самостоятельной работы с учебными материалами и средствами, условия деятельности решительно изменяются.

Первым среди этих условий является формирование способов логического анализа источников учебной информации, в частности, информационных моделей, в которых фиксируется содержание научных понятий, что одновременно составляет одну из важнейших задач обучения, рассчитанного на подготовку студентов к самостоятельной учебной деятельности.

Вторым важным условием перехода к самостоятельной учебной деятельности является овладение продуктивными способами решения учебных задач, и обеспечение этого условия практически невозможно без активного методологического и методического участия преподавателя.

Во-вторых, осуществление контроля и оценки за ходом и результатом решения задачи, что определяет *следующее условие* - формирование контрольно-оценочных операций, через овладение способами контроля и оценки действия преподавателя и других студентов, собственной работы под руководством преподавателя, самоконтроля и самооценки самостоятельной образовательной деятельности.

Далее рассмотрим рефлексивный компонент. В подростковом возрасте и в период юности, рефлексия, как специфический вид деятельности формируется стихийно и не организованно. При этом, рефлексия – это не информация. Ее нельзя передать, ее можно стимулировать, развивать, повышать, создавая рефлексивно-развивающие условия. Среди них можно выделить основные психолого-педагогические условия, причем их имеет смысл дифференцировать и рассмотреть отдельно.

Так в качестве *психологических условий* развития рефлексии в контексте СРС нужно отметить следующие:

- стремление к осознанию, осмыслению, переосмыслению действительности;
- наличие представлений о содержании и структуре рефлексивной деятельности, ее целях, задачах, смыслах;
- сформированность интеллектуальных операций – операционной базы рефлексивных действий;
- представление себя как активного субъекта рефлексивного акта, действия, деятельности.

В качестве *педагогических условий* развития рефлексии в контексте СРС мы выделяем следующие:

- выстраивание образовательного процесса с опорой на рефлексивный опыт студента;
- формирование у студента активной исследовательской (рефлексивной) позиции по отношению к своей деятельности, к себе как к ее субъекту, к своему опыту с целью анализа, осмысления, переосмысления, преобразования реальности;
- актуализация осознавания студентом внутренних противоречий (когда прежний опыт не обеспечивает эффективного решения новых, более сложных задач и требуется реконструкция, наращивание, совершенствования личного опыта и когнитивного потенциала).
- взаимоотношения между преподавателями и студентами в образовательном процессе, выстраиваемые по принципу индивидуализации (увеличение удельного веса интенсивной работы преподавателя с более подготовленными студентами, деление занятия на

обязательную и творческую части, регулярность консультаций с обучаемыми и т.д.);

- создание объективных затруднений в решении задач;
- организация целенаправленного рефлексивного взаимодействия преподавателя и студента.

Данные условия могут быть реализованы посредством конструирования соответствующих рефлексивно-ориентированных педагогических ситуаций (проблемные и эвристические ситуации, ситуации свободы выбора и осознанного самоанализа).

Что касается организационного компонента, то здесь нужно учитывать, что оптимальный выбор организационных форм *обучения* является важнейшим дидактическим условием. В данном случае, для эффективности реализации этого компонента, необходимо обеспечение *следующих психолого-педагогических условий:*

1) оптимальность структурного построения учебного занятия, которое должно представлять собой целостную систему, где взаимосвязаны цель, структурное построение, объем и содержание изучаемого материала, применяемые преподавателем методы, приемы и дидактические и технические средства обучения, характер познавательной деятельности обучающихся и её результаты;

2) направленность занятий на решение реальных педагогических задач и ситуаций;

3) планирование учебно-познавательной деятельности студентов и ее максимальная активизация с помощью различных методов, приемов и средств обучения, которые могут существенно отличаться по своей сущности, логической и мотивационной нагрузке, по уровням и характеру учебно-познавательной деятельности.

Контрольный компонент предполагает сформированность у студента навыков оценивания качества, как конечного продукта, так и отдельных этапов самостоятельной работы, умений подбирать адекватные методы и формы самооценки.

Для решения данных задач необходима реализация следующих *психолого-педагогических условий*:

1) интегрирование в содержание заданий для самостоятельной работы студентов критериев и шкал для оценки качества выполнения задания и заданий для самопроверки.

2) Организация на аудиторных занятиях работы студентов в интерактивной форме, предполагающей процесс оценки друг друга.

3) формирование у студента активной контролирующей, оценивающей и исследовательской позиции по отношению к своей учебной деятельности.

4) Интегрирование студентов в процесс анализа и оценки преподавателем результатов их самостоятельной работы.

Реализация данных условий будет способствовать усилению познавательной активности студентов, эффективности и результативности образовательного процесса в целом.

Литература

1. Гребенюк, О. С. Принцип мотивационной основы обучения /О.С. Гребенюк // Психологические проблемы повышения эффективности и качества труда: Тез. науч. сообщений советских психологов к IV Всесоюз. съезду Общества психологов СССР. – Ч.2. – М., 1983.

2. Кузьмина, Ю. О. Самостоятельная работа студентов как средство формирования профессиональной компетентности / Ю. О. Кузьмина, О.И. Донина // Высшее образование сегодня. – 2010. – № 12. - С. 27-28.

3. Сабитова, Л.Б. Способность к профессионально-личностной рефлексии как фактор успешного становления будущего учителя / Л.Б. Сабитова // Современные проблемы науки и образования. – 2014. – № 5.

Svitenko O.V.
Candidate of agricultural sciences, Kuban state agricultural university
Zatuleev V.V.
Student 2 rates of faculty of zootechnology and management, Kuban state agricultural university

DAIRY PRODUCTIVITY OF COWS OF GOLSHTINSKY AND AYRSHIRSKY BREEDS

Dairy cattle breeding – a labor-consuming industry. High labor input is caused, first of all, by the low level of mechanization and automation of livestock farms. One of actual problems is increase in production and improvement of its quality for more complete satisfaction of the growing requirements of the population in this connection there is a need of forming of effective production organization of products of dairy cattle breeding according to the developed economic conditions. The solution of an objective requires creation of herds with high rates of productivity and payment of forages [1].

We conducted the researches based on JSC Agroobyedineniye Kuban Ust-Labinskogo of the area. For the solution of an objective we have used data of own researches and statistical data of various forms of zootechnical accounting, including on dairy productivity and live weight.

When carrying out researches we used the commonly accepted zootechnical methods and techniques. Object of these researches were females of golshtinsky and ayrshirsky breeds aged from the birth before the termination of the first lactation.

In economy purposeful selection and breeding work is carried out, feeding of animals is performed by the balanced diets with use of high-quality forages, taking into account a physiological condition of animals and requirements of their organism, for animals normal conditions of keeping are created, at the expense of these factors there was an increase in productivity of cows.

Studying of influence of pedigree accessory of cows on economic and useful signs was the purpose of our researches. For carrying out experience 2 groups of animals up to 15 heads in everyone have been created. Matching of animals was carried out to experienced groups by the principle of couples analogs. The control group had included animals golshtinsky, and in experienced according to ayshirsky breed.

During researches experimental animals were in identical conditions of feeding and content. Diets have been balanced on basic elements of food according to the regulations developed by VASHNIL [2].

The technology of cultivation repair a telok in economy consists of the following links. After an otel newborn calfs contain in individual boxes in case of delivery room where they receive colostrum. In two days they are transferred to the special platform in individual lodges cages. Then 2 months later them transfer to a calf house for younger groups where contain groups till 10-15 of the heads in sections, with a free exit to the vygulny platform. During this period the paramount attention is paid to quality of the set forages.

At the age of 4 months of a cow calf have been transferred to a calf house for the senior groups. In case of achievement by cow calves of live weight of 150 kg they were transferred to specialized farm on cultivation repair a telok where they have been inseminated. On 5-7 month of stylishness experimental animals have been transferred to a dairy and commodity farm where contained on the vygulny platform to an otel.

After an otel animals contained in delivery room where it was carried out distribute, and after receipt of reproductive system to a normal physiological state they were transferred to the case of milch herd. Content was loose housing, with a free exit to vygulny platforms, till 35-40 the heads in section here.

We carried out control of quantity and quality of the received milk monthly, by carrying out control milkings. Animals on sections depending on a yield of milk were distributed. Milking is performed in the milking hall on the Alfa Laval Agri installation of the Swedish production which is expected simultaneous milking of 24 heads on 12 from each party.

Dairy productivity was considered for the complete or shortened lactation. Two times a month were carried out control milkings according to the schedule established in economy. Once a month average tests of milk individually from each cow by the commonly accepted technique – pro rata quantity from each yield of milk of a cow within a day, for the analysis of content of fat and protein in milk were selected.

Dairy productivity of the firstcalf heifers belonging to different breeds for a lactation was unequal.

By results of our researches we have received rather small distinctions between groups. The yield of milk in 305 days of a lactation of cows of golshtinsky breed on 155 kg or for 3,3% exceeds an indicator on a yield of milk of cows of ayrshirsky breed.

Studying such indicator as content of fat in milk, we have established that higher % of content of fat is also observed in milk of cows of experienced group that is caused by pedigree features, the amount of milk fat - 228,5 kg also depends on these indicators that is 14,2 kg more than in control group.

Speed of a molokootdacha is caused by specific features of cows and fluctuates ranging from 1,61 to 2 kg/min. The coefficient of a molochnost shows the amount of milk made by a cow for a lactation per 100 kg of its live weight. The coefficient of a molochnost is equal in the studied groups to 1060 and 1057 kg. The live mass of experimental cows of control group are 13 kg more than the mass of animals of experienced group that constitutes an insignificant difference in 2,3%.

1. Grigorieva M. G. Reproductive ability of the meat cattle delivered to Krasnodar Krai / M. G. Grigorieva, O. V. Svitenko/Materials VI of the All-Russian conference of young scientists "Scientific providing agrarian and industrial complex". Krasnodar. 2012. Page 285-286.

2. Tuzov I.N. Growth, development and meat productivity golshtinskikh of bull-calves of different lines / I.N. Tuzov, O. V. Svitenko//Works of the Kuban state agricultural university. 2011. No. 36. Page 228-231.

Kamalieva I.R.
Ph.D., assistant professor, Chelyabinsk State University
irina.kamalieva@yandex.ru
Musina G.E.
student, Chelyabinsk State University
gulfiysh@mail.ru
Orlovskaya K.V.
student, Chelyabinsk State University
kseniya_orlovskaya@mail.ru

HIGH EDUCATION AS SOCIALIZATION CONDITION

Socialization is a complex process, which includes a lot of institutions within which the formation of personality takes place. Most modern authors believe that the success of the process of becoming a personality depends not only on mastering various skills but also the ability to apply the accumulated experience for the benefit of themselves and the social environment.

In modern conditions of development of society it's essential for the individual to have an education. "Education is a process in which the student is equipped with information, which helps him or her to become a good citizen and a wise parent"[4,343]. That is, in the higher education the individual not only learns, but also socialized.

The concept of "socialization" is wider than the traditional notions of "education" and "training". Education involves the transfer of a certain amount of knowledge. Training is the formation of personal qualities of the individual. Socialization of students in the learning process includes the acquisition of competencies to ensure successful social and professional activities as a result of self-realization. Thus, "… the education system is a strategically important area of human activity, one of the social institutions, the importance of which is steadily increasing as our society moves along the way of the information, technological and socio-economic progress"[2,3].

The success of the process of socialization in the higher education «depends on the degree of motivation based on interest in the profession, awareness and targeted selection of specialty training, educational activities and subsequent employment. [3, 445]. The particular attention should be paid to the process of socialization of "socio- passive" group of students, to find ways to stimulate and increase their personal potential, the ability to apply the accumulated experience for the benefit of themselves and the social environment. We believe that this problem can be solved by a complex approach.

Firstly, it is necessary to increase the share of interactive activities aimed at mutual active participation of students and teachers in the learning process.

Interactive sessions form the students' own opinion, reveal their creativity and, thus, increase the level of social responsibility."Education through a call to responsibility, sanity promotes the formation of socially mature personality, capable of making civil, environmental, legal and moral decisions in the situation of choice in life, different meaning situations, situations of ethical dilemmas"[1,140].

Secondly, it is desirable to teach general subjects in close relationship with the future profession of the student, which will contribute to the formation of an integral worldview of the person, the human ability to compare the human and professional values in the future.

Thus, the influence of the institution of education on the socialization of the individual is in the conscious assimilation of social experience, the formation of behavioral attitudes, norms, values, and life ideals. Graduate School of Education as an important element of the structure of the system has a special mission in the social formation of youth.

References:

1. Kamalieva I.R. Aktualizaciya gumanisticheskoj pedagogiki v sovremennyh geopoliticheskih usloviyah / Smysly, cennosti, normy v bytiicheloveka, obshchestva, gosudarstva: mezhdunarodnayanauchno-prakticheskayakonferenciya (28-29 maya 2015 g., g. CHelyabinsk). – CHelyabinsk, «Poligraf-Master», 2015 g. – 138-141 p.
2. Mitrofanova I.I. Osobennosti professional'noj socializacii lichnosti studenta v sisteme vysshego obrazovaniya // Dis. ... kand. sociol. nauk: 22.00.04 – Habarovsk, 2004. – 174 p.
3. Hizbullina R.R. Obuchenie v vuzekak process socializacii: metodologicheskij aspekt / R. R. Hizbullina // Molodojuchenyj. – 2014. – № 5. – 445-447 p.
4. SHubenina O.S., Aksenenko T.A. Vysshee obrazovanie kak osnova formirovaniya abstraktnogo myshleniya, grazhdanskoj zrelosti i gotovnosti lichnosti k professional'noj socializacii // Vestnik Kostromskogo gosudarstvennogo universitetaim. N.A. Nekrasova. – Vypusk № 1. – T. 15. – 2009. – 341-345 p.

Гафнер Н.А.,
кандидат философских наук, ФГБОУ ВО «Челябинский государственный университет», nataly_flam@mail.ru;
Камалиева И.Р.
кандидат философских наук, ФГБОУ ВО «Челябинский государственный университет», irina.kamalieva@yandex.ru.

СОЦИАЛЬНАЯ НОРМА В УСЛОВИЯХ ИЗМЕНЕНИЯ ЧЕЛОВЕЧЕСКОЙ ТЕЛЕСНОСТИ

С развитием новых генных технологий, появившейся благодаря этому возможностью вмешиваться в организм человека, изменять на генетическом уровне его природу, актуализируется и проблема влияния изменения телесных характеристик человека на нормы общества.

«Тело служит примером неоднозначности нашего человеческого существования в разных отношениях – силы и слабости, ценности и позора, достоинства и грубости, знания и невежества. Мы обращаемся к понятию человечности, призывая человека к нравственному совершенству и рациональности, выходящим за пределы чистой животности, но мы используем предикат «человеческий» и для описания, и извинения наших недостатков, неудач и проявлений низменного и даже скотского поведения: все это человеческие слабости, ограничения, связанные со слабостью плоти, которую мы разделяем с обычными животными» [1, 116].

Анализируя эволюцию человеческих взаимоотношений в обществе со времени первобытного стада до его современного информационного состояния, можно увидеть, что социальные отношения, а вместе с ними и социальная норма, менялись от примитивной иерархии, основанной на доминировании физической силы более сильного самца и простых табу, до сегодняшних формализованных социальных институтов и многочисленных религиозных, моральных, правовых и политических ограничений.

С чем же это связано? Безусловно, для того, чтобы создать социальные связи, человеку необходимо было осознание себя личностью с присущими ей характеристиками. «Особое отношение к собственному телу становится начальным этапом формирования отношения к себе как к личности. И если осуществление самоидентификации на индивидуальном, духовном уровне для человека оказывается проблематичным, то уровень телесности остается, по существу, единственным для конструирования им персональной идентичности и осознания себя в качестве субъекта собственной жизни. Ведь отношение человека к самому себе, прежде всего, как к телесному существу, чрезвычайно важно, и оно, безусловно, предваряет развертывание процесса формирования системы личностно и субъектно значимых самооценок, становясь тем фундаментом, на котором впоследствии и выстраивается модель социальных и культурных связей, отношений и дистанций, в которой «человек телесный» получает принципиальную возможность преобразовать себя в «человека культурного»» [1, 117].

В современных условиях становится возможным конструировать тело человека уже с момента зачатия. Связь между биологическим и психологическим – такие характеристики, как темперамент, характер, смогут стать результатом дизайна, «государственного заказа», то есть даже сама государственная власть сможет стать гораздо более управляемой учеными-генетиками, что явится закатом либерально-демократической модели государственного устройства.

Возрастающее внедрение биотехнологий в организм человека, изменение процесса его зачатия, генной структуры, прогрессирующие возможности моделирования соматики и психики могут привести к полному доминированию социального над биологическим в «новом» человеке. Это, в свою очередь, может привести к переориентации в индивидуальном, а, впоследствии, и в общественном сознании морали с индивидуальной, ориентированной на религиозные и постreligiозные, и человеческие ценности, ориентированной на «защиту» телесности от демонстрации обществу, на сугубо общественную.

Таким образом, изменение самоидентификации личности, размывание ее не только биологических, но и психологических границ предполагает изменение общества на всех иерархических уровнях, что приведет и к изменению регуляторов социальной нормы в виде превалирования правовых и политических регуляторов над религиозными и моральными. Подобная тенденция усиливается агрессивным вымещением личности из социальных отношений, происходит подмена субъекта социальных взаимоотношений с человека на результаты его технических достижений.

«В современных реалиях, в связи с существенными изменениями социальных, политических и культурных условий жизни общества, материальные ценности возобладали над духовными. Преобладание техники над общечеловеческими ценностями, средств над смыслом, смысла над целью, являющимися основными чертами технократического мышления, стало нормой. Материально это выражается развитием информационно-технического потенциала, увлечением общества продуктами научно-технического прогресса» [2, 31].

Исключение из социальных отношений «телесного» человека может привести к потребительскому отношению и к человеку в целом, потому как дуальность человека в виде существования взаимосвязанных души и тела до сих пор не подвергается сомнению. Подавление телесных, а впоследствии психологических и духовных характеристик может привести к полной дегуманизации человеческого общества в будущем, в котором все общественные отношения будут регулироваться исключительно правом, которое, как известно, является орудием государственного принуждения, а не внутренней установкой личности в отличие от морали.

Решение проблемы технократизма в общественных отношениях можно связать с гуманизацией отношений между людьми, способными гармонично сочетать в себе духовные и телесные характеристики. Что, в свою очередь, требует сохранения и приумножения экологичного отношения человека к собственному телу даже в условиях прогресса достижений биомедицины и генетики.

Литература

1. Бугуева, Н. А. Телесность человека в социокультурном контексте современности [Текст]: дис. ... канд. филос. наук : 09.00.11 : защищена 31.05.12 : утв. 21.01.13 / Бугуева Наталья Александровна. – Челябинск, 2012. – 131 с.
2. Камалиева, И.Р. Социально-философский анализ современных проблем врачебной этики [Текст]: дис. ... канд. филос. наук : 09.00.11 : защищена 21.02.14 : утв. 23.06.14 / Камалиева Ирина Ринатовна. – Уфа, 2014. – 147 с.

Зулькорнеева Л.И.
магистрант Факультета социальных коммуникаций Астраханского государственного университета
svplaila@mail.ru

ТРАНСФОРМАЦИЯ КОНЦЕПТА «КАЧЕСТВО ЖИЗНИ» В УСЛОВИЯХ СТАНОВЛЕНИЯ ИНФОРМАЦИОННОГО ОБЩЕСТВА

Жизнь современного общества и жизнь каждого индивида сложно представить без информационных технологий и средств массовой коммуникации. Казалось бы, они вошли в нашу жизни считанные десятилетия назад, но уже непосредственным образом взаимосвязаны с большей частью нашей бытовой, профессиональной и досуговой деятельностью.

Американский ученый Дэниел Белл в своей работе «Грядущее постиндустриальное общество. Опыт социального прогнозирования» сформулировал теорию перехода западного, на тот момент индустриального, общества на новую стадию своего развития – стадию постиндустриального общества, также называемую Элвином Тоффлером «третьей волной». Аналогично раскрытию понятий «доиндустриальное общество» (традиционное, аграрное) и «индустриальное общество» (промышленное), постиндустриальное общество не сразу получило свою характеристику.

Уже в 1972 году японские ученые стали заявлять о необходимости информационного развития общества, что до появления на свет книги Д. Белла (1973 год) обозначало лишь увеличение роли информационных технологий в жизни людей. Но в результате слияния обеих концепций был сформирован концепт «информационного общества», определяющего решающую роль в «постиндустриальном обществе» информации, знанию и информационным технологиям.

Сам термин «информационное общество» возникает фактически одновременно в США и Японии, его параллельно вводят Ф. Махлуп и Т. Умесао. На данный момент так и не сложилось единого подхода к его определению. Известный британский социолог Фрэнк Уэбстер в своих работах выделил пять основных определений информационного общества:
- технологическое, подразумевающее свершение информационной революции, полностью изменившей образ жизни людей;
- экономическое, которое предполагает увеличение экономической ценности информационной деятельности;
- связанное со сферой занятости, в которой происходит замещение физического труда интеллектуальным;
- пространственное, указывающее на распространение информационных сетей, способных «связать» людей не зависимо от

расстояния, что оказывает глубокое влияние на организацию времени и пространства;

- культурное определение состоит в широком распространении средств массовой коммуникации и медиакультуры.

Анализируя существующие на данный момент теории информационного общества, Ф. Уэбстер следующим образом определяет их роль в современной науке: «... понять тенденции развития информации можно, только учитывая историю развития капитализма и его потребностей... Говоря о современном капитализме, нужно учитывать его специфические черты: роль огромных транснациональных корпораций, интенсификацию и глобальные масштабы конкуренции (которая, в свою очередь, вызвала стремительные изменения в самой структуре капитала), относительное сокращение роли национального суверенитета и, конечно, прежде всего глобализацию» [1, с. 366]

Возможен ли в таком случае, анализ качества жизни населения современного общества, переходящего на информационную ступень своего развития, на основе индикативных систем исследований прошлого столетия? Определяемое как степень удовлетворения материальных и духовных потребностей индивидов и уровень их благосостояния, качество жизни включает в себя показатели всех сторон человеческой жизнедеятельности, что заведомо исключает возможность идентичности этой категории для разных типов общества. Как характеризует этот аспект Э. Тоффлер, в информационном обществе появятся совершенно новые представления о структуре личного и национального богатства [2, с. 1] Если раньше главными составляющими личного богатства являлись материальные и денежные средства, то сейчас многие потребности и предпочтения людей связаны с наличием возможностей использования информационных услуг и технологий, доступа к информации и средствам телекоммуникаций. Происходит изменение образа жизни не просто отдельных личностей, но и всего общества.

Особое место в происходящих изменениях жизни общества занимает появление и распространение глобальной сети Интернет. Одним из первых данных факт обозначил в своем труде М. Кастельс. В трилогии «Информационная эпоха: экономика, общество и культура» ученый фиксирует внимание читателя на существенных изменениях социальной реальности. Именно М. Кастельсу принадлежит идея сетевого индивидуализма как «социальной структуры, а не собрания изолированных индивидуумов. Именно индивидуумы строят свои сети, онлайновые и оффлайновые, основываясь на своих интересах, ценностях, склонностях и проектах» [3, с.145].

В связи с интенсивностью протекания процесса информатизации современного общества, острым становится вопрос о включении индикаторов в систему измерения и анализа качества жизни населения.

Социологические науки

Так, социальные науки наравне с такими показателями, как качество населения, благосостояние, условия жизни, качество социальной сферы, природно-климатические условия и качество окружающей среды, выделяют также показатель информированности населения [5, с. 8] Этот индикатор характеризует степень доступности для населения информационных технологий и телекоммуникационных систем, которые на данный момент являются таким же потребительским благом, как и любой другой продукт или услуга.

Более того, информатизация и технологизация общественной жизни оказывает влияние и на другие индикаторы категории качества жизни. Наше экономическое благосостояние кроме обладания прочими материальными продуктами теперь включает в себя обладание современными технологическими устройствами и их модификаций. Сейчас высокое качество жизни ассоциируется не просто в обладании телефона, а с наличием «умного телефона» (smartphone). Персональные компьютеры уже не считаются предметом роскоши или показателем высокого достатка семьи.

Социальная сфера на протяжении последних лет перестала состоять только в качестве оказываемых социальных услуг или гарантий. Теперь качество этого показателя включает в себя степень информатизации всех процессов и виртуализации деятельности соответствующих организаций (создание электронных очередей, наличие сайтов государственных подразделений с возможностью подачи электронных заявлений или запросов и т.д.).

Учитывая нарастающую роль информационных технологий и процесс постоянных общественных изменений, многие государства уже приняли соответствующие меры по созданию всех необходимых условий для успешного перехода на ступень информационного общества. В связи с этим, в России в 2010 году была принята «Государственная программа развития информационного общества на 2011-2020 годы», особенность которой заключается в группировке планируемых мероприятий по принципу достижения определенных целей [2, с.2]. Основными подпрограммами данного направления являются:

- повышение качества жизни граждан страны;
- внедрение «электронного государства» и повышение эффективности государственного управления;
- развитие отечественного рынка информационно-коммуникационных технологий и обеспечение перехода к цифровой экономики;
- обеспечение информационной безопасности;
- сохранение в условиях глобализации и информатизации общества культурного наследия страны.

Как показывает анализ проблем информатизации общества и сопутствующей трансформации концепта качества жизни, они обладают как технологическими, так и информационно-психологическими аспектами. В ходе изменений всех подсистем человеческой жизнедеятельности сильному влиянию подвергается общественное сознание, в системе которого возникают новые ценности и установки, все еще неприемлемые для определенной части населения.

Таким образом, процесс перехода современного общества на следующую, информационную, ступень своего развития не может не оказывать существенного влияния на все аспекты жизнедеятельности людей. В связи с этим, происходит трансформация систем оценивания качества жизни современного населения, их дополнение, а также расширение границ самой категории качества жизни.

Литература:

1. Уэбстер Ф. Теории информационного общества / Ф. Уэбстер. – М., Аспект Пресс, 2004. – 400с.
2. Колин К.К. Информационная культура и качество жизни в информационном обществе / К.К. Колин // Интернет-журнал Открытое образование. – 2010. – Режим доступа: http://www.e-joe.ru, свободный. – Яз. рус.
3. Кастельс М. Галактика Интернет: Размышления об Интернете, бизнесе и обществе / М. Кастельс. – Екатеринбург, У-Фактория, 2004. – 328 с.
4. Ануфриев Д.П., Алешкин В.А. Качество жизни населения: оценка состояния и пути улучшения: монография / Д.П. Ануфриев, В.А. Алешкин. – Волгоград: Волгоградское научное издательство, 2015. – 156 с.

Гафнер Н.А.
кандидат философских наук, ФГБОУ ВО «Челябинский государственный университет», nataly_flam@mail.ru

ТЕЛЕСНОСТЬ ЧЕЛОВЕКА КАК СОЦИОКУЛЬТУРНАЯ ЦЕННОСТЬ

Телесность входит во множество контекстов, где обсуждается проблема человека: тело и мысль, тело и чувство, тело и жизнь, тело и смерть, тело и душа, тело и дух, тело и природа, тело и общество, тело и культура, и т.д. [2, 79]. На наш взгляд, *телесность человека* представляет собой «результат противоречивого социокультурного процесса духовно-телесного совершенствования человека по ходу исторического и индивидуального развития» [2, 98].

Для современного общества характерен рост интереса к феномену человеческой телесности. «С одной стороны, идет бурное развитие телесно ориентированных социальных практик (модели тела и красоты, бодибилдинг, здоровый образ жизни, развитие физической культуры, карате, художественная гимнастика, попытки достижения бессмертия – крионика, клонирование и прочее) и поток различных концепций тела и телесности» [2, 3]. «Все чаще процессы зачатия, рождения и смерти человека происходят при вмешательстве обновляющихся биомедицинских технологий. Состояние здоровья и болезни стало возможным искусственно моделировать. Совершенствование физических возможностей, изменение пола и внешности стали обыденной реальностью современной медицины» [4, 80]. «С другой стороны, сейчас существенно обострилась проблема здоровья. Очевидно, что стрессы, психические и соматические расстройства: сердечно-сосудистые, онкологические, эндокринные, астматические заболевания, алкогольная и наркотическая зависимость уже давно стали неотъемлемой частью жизни общества» [2, 3].

Также к проблеме телесности все больше внимания привлекают и становятся значимыми проблемы сексуального поведения и сексуальной культуры и «торговли» телом. «Секс из способа зачать потомство благодаря началу применения противозачаточных средств постепенно все более и более превращается в способ получения телесного удовольствия» [5, 67]. Все чаще поднимаются вопросы, связанные с эвтаназией, репродуктивными технологиями, абортами, клонированием, трансплантацией органов, медицинским законодательством. Современным бизнесменам, политическим и общественным деятелям трудно обойтись без создания собственного имиджа как умения представить себя покупателям, деловым партнерам, работодателям, избирателям в оптимальном состоянии здоровья духа и тела. При этом, для настоящего времени характерно и повышение ценности человеческой индивидуальности, и обостренное восприятие всего, что связанно с личностным самовыражением, а тело является одним из средств такого самовыражения. Сейчас телесная составляющая человека приобретает особый смысл и как носитель символической ценности, что наглядно проявляется на примерах новых социальных групп и молодежных образований. «Так, посредством своего внешнего вида, атрибутики представителя ряда молодежных субкультур (таких, как гомосексуалисты, панки, готы, байкеры, скинхеды, нудисты и пр.) стремятся к утверждению своего статуса в обществе» [2, 4].

Тем самым особенно острым образом проявляется противоречие, существующее в отношении современного общества к человеческому телу: с одной стороны, активно развиваются технологии и происходит постепенный переход к информационному обществу, что позволяет человеку решать множество проблем, затрачивая минимум физических усилий – а это, как правило, приводит к мышечной атрофии и различным соматическим расстройствам; с другой стороны – излишняя ориентация на культивирование здорового, мускулистого тела (фитнес, бодибилдинг и пр.), причем зачастую это делается в ущерб духовному и интеллектуальному развитию. «Подобное диалектическое противоречие препятствует созданию «целостной» личности, в которой бы гармонично сочетались все составляющие ее бытия» [2, 4].

Однако особенность человеческой телесности, на наш взгляд, состоит именно в том, что она проявляется, прежде всего, как социокультурная ценность, причем, как раз в тот момент, когда мы отказываемся от прямого переноса своей потребности на предмет. Ведь телесность как социокультурная характеристика нашего тела органическим образом связана с человечностью, то есть с человеческим отношением к миру. Телесность как ценностное отношение существует лишь с того момента, когда предмет вовлекается в человеческую деятельность, в структуру ее разнообразных отношений. Только в человеческой деятельности телесность как социальная ценность приобретает свое актуальное существование. Красота человеческого тела, или телесность человека, является своеобразной поверхностью, на которой общество стремится «записать свои нравственные шифры». «Поэтому именно телесность человека и должна стать важным фактором оптимизации его существования как субъекта культуры, как целостной и гармоничной личности, ведь «человек, оказываясь причастным к двум «мирам» - природному и социальному, – культивирует не только личностные качества, но и свою телесность» [1, 50].

Литература

1. Акчурин, Б.Г. Телесность как проявление человеческого потенциала и как валеологическая ценность [Текст] / Б.Г. Акчурин //Теория и практика физической культуры. - 2005. - №6. - С. 50-52.
2. Бугуева, Н. А. Телесность человека в социокультурном контексте современности [Текст]: дис. ... канд. филос. наук : 09.00.11 : защищена 31.05.12 : утв. 21.01.13 / Бугуева Наталья Александровна. – Челябинск, 2012. – 131 с.
3. Камалиева, И.Р. Социально-философский анализ современных проблем врачебной этики [Текст]: автореферат дис. ... канд. филос. наук / И.Р. Камалиева. – Челябинск, ЧелГУ, 2013. – 21 с.
4. Камалиева, И.Р. Трансформация социальной нормы в условиях прогресса биотехнологий [Текст] / И.Р. Камалиева // Исторические, философские, политические и юридические науки, культурология и искусствоведение. Вопросы теории и практики. – 2015.- № 10-3(60). - С. 80-83.
5. Камалиева, И.Р. Трансформация религиозных регуляторов социальной нормы под влиянием внедрения биотехнологий [Текст] / И.Р. Камалиева // Исторические, философские, политические и юридические науки, культурология и искусствоведение. Вопросы теории и практики. – 2016.- № 7-2(60). - С. 66-68.

Баишева С.М.
кандидат экономических наук, Институт гуманитарных исследований и проблем малочисленных народов Севера СО РАН, Якутск
baisargy09@yandex.ru

НАУЧНЫЕ ИССЛЕДОВАНИЯ ЗАНЯТОСТИ АБОРИГЕННОГО НАСЕЛЕНИЯ ЯКУТИИ: СОВРЕМЕННЫЕ ТРЕНДЫ

В настоящее время районам Арктики и Севера придается особое значение ввиду геостратегического положения и перспектив освоения шельфовых месторождений полезных ископаемых и возрождения трансконтинентального Северного морского пути [1,2]. Наши исследования показали, что реализация государственных программ по освоению недровых богатств в рамках стратегических инвестиционных проектов непосредственным образом вторгается в налаженную систему традиционного расселения и рационального природопользования [3,4]. Происходит столкновение интересов крупных бизнес-структур, подвергающих негативному воздействию обширные территории региона, и коренных народов Севера, выработавших на протяжении веков свою ресурсосберегающую природоохранную культуру. Аборигенное и коренное население теряет ареал традиционного хозяйствования, разрушается культурный уклад, материальная основа выживания [1, 6].

Динамика развития традиционного хозяйства формируется под воздействием разнонаправленных факторов. С одной стороны, влияют меры государственной поддержки (субсидии, нормативно-правовое обеспечение), которые принимаются в последние годы по повышению устойчивости традиционного хозяйства в целом, с другой – осложнение макроэкономической обстановки вследствие экономического кризиса и промышленного освоения территории, что повышает вероятность реализации рисков, угрожающих устойчивому ведению оленеводства, охотничьего и рыболовного промыслов.

Рынок труда, включая оценку количественных и качественных изменений в сфере занятости населения, характеризуется тенденцией сокращения рабочих мест в бюджетной сфере, потерей и старением квалифицированных кадров, вынужденной незанятости в сельской местности, увеличением коэффициента напряженности на селе. На формирование современного состояния рынка труда повлияли такие социально-экономические факторы, как: активный миграционный отток в наиболее благоприятные по всем параметрам жизнеобеспечения районы республики, неэффективная занятость в традиционных отраслях Севера, высокий уровень скрытой безработицы среди населения наиболее трудоспособного возраста, в том числе молодёжи [5]. В условиях арктического региона республики нами изучены проблемные вопросы молодёжи в процессе освоения ими рыночного характера трудовых отношений, выявлены представления о приоритетах, нормах и правилах трудовых будней и основные стратегии трудовой адаптации молодёжи.

Анализ данных рынка труда показал востребованность узких специалистов по предприятиям отдельных районов, особенно отдаленных от центров цивилизации. В целях устранения пробелов в подготовке необходимых кадров и социальной адаптации населения к рыночным преобразованиям систематически проводятся мероприятия по профессионально-ориентационной работе среди молодежи, трудоустройству безработных, прохождению профессионального обучения и получению дополнительного профессионального образования. В труднодоступных населенных пунктах желающим повысить свою квалификацию оказываются дистанционные услуги.

При изучении трудовой занятости аборигенного населения нам важно было изучить источники средств существования. Трансформационные процессы последних лет оказали существенное влияние на происхождение доходов и соотношение доли трудовых ресурсов, получающих доходы от занятий в общественном производстве и лиц, находящихся в зависимости от органов социального обеспечения, а также на иждивении у родственников или получающих помощь со стороны других людей.

Общее представление о роли различных аспектов жизнедеятельности аборигенных семей, проживающих в условиях промышленного освоения территории Якутии, зафиксированы в ходе социологических опросов, проведенных нами в 2007-2014 годах [3, 4, 5, 7]. Но, к сожалению, как показывает практика, выбирая свой путь, дети аборигенных народов редко связывают свою дальнейшую судьбу с традиционной экономикой. На протяжении порядка двух последних десятилетий данная тенденция способствует нехватке квалифицированных кадров в традиционных отраслях Севера.

Исследования подтверждают наличие отрицательных тенденций занятости аборигенного населения в традиционных отраслях Севера: сужение сферы приложения труда и сокращение количества рабочих мест, потеря интереса (прежде всего молодежи); низкий образовательный уровень и отсутствие необходимых навыков использования новых видов техники и технологии для ведения хозяйства; появление маргинальных групп населения, утративших интерес к труду. Значительное влияние на современное состояние оленеводства, охотничьего промысла оказывают неопределенность форм и механизмов государственной поддержки. Наличие административных барьеров и нестабильность правового регулирования отношений, защищающих права и интересы этнонациональных меньшинств также отрицательно воздействуют на социальное самочувствие этносов. Форсированное наступление промышленности вызвало необратимые процессы сокращения ареалов традиционного природопользования, численности коренного населения, ведущего кочевой образ жизни, непредвиденные изменения локального природно-культурного ландшафта.

На ближайшую перспективу совместными усилиями научных организаций, заинтересованных органов государственного управления с привлечением лидеров аборигенного сообщества необходимо ускорить разработку программных документов, в первую очередь, нормативно-правовых и социально-экономических, направленных на улучшение условий жизни в местах компактного проживания аборигенов.

Литература

1. Развитие коренных малочисленных народов Севера Республики Саха (Якутия) до 2020 года /Ин-т проблем малочисл. народов Севера СО РАН, сост. В.А. Роббек; ред. С.М. Баишева. – Якутск: ГУ РИМЦ, 2007. – 140 с.
2. Татаркин А.И. и др. Российская Арктика: современная парадигма развития – СПб: Нестор-История, 2014. – 844 с.
3. Баишева С.М. и др. Этносоциальная адаптация коренных малочисленных народов Севера Республики Саха (Якутия) - Новосибирск: Наука, 2012. - 363 с.
4. Баишева С.М. Повседневная жизнь национальных поселений Якутии в контексте социологических исследований // Арктика и Север, Архангельск. - 2014, №14. - С.83-98 электронный ресурс http://narfu.ru/aan/archive/AaN_2014_14.pdf - (дата обращения: 15.07.2016)
5. Баишева С.М. Трансформация трудовой занятости молодёжи Южной Якутии: опыт социологического исследования // Современное общество и труд: сб. научных статей / ред.кол. Р.В. Карапетян (отв. ред.), А.А. Русалинова, О.А. Таранова. – СПб: издат. центр эконом. фак-та СПбГУ, 2014 - 909с. - С. 701-710.
6. Баишева С.М. Адаптационные возможности представителей этнического населения в контексте социальных преобразований Якутии // Позитивный опыт регулирования этносоциальных и этнокультурных процессов в регионах Российской Федерации: Материалы Всероссийской научно-практической конференции 25-27 сентября 2014 г., Казань: Институт истории им. Ш.Марджани АН РТ, 2014. - 508 с. - С.288-292.
7. Баишева С.М. Особенности трудовой занятости населения Республики Саха (Якутия) в условиях нового промышленного освоения: территориальный аспект // Специфика территориальных и природных условий в социально-экономическом развитии страны (материалы второй международной конференции). Отв. ред. Г. Нямдаваа. - Улан-Батор, 2015. – С. 177-186.

Andreyeva T.A.
jr. researcher,
The A.P. Ershov Institute of Informatics Systems,
Siberian Branch of the Russian Academy of Sciences, Novosibirsk
ata@iis.nsk.su

AUTOMATED GENERATION OF TEST SETS

Introduction

This paper concerns the automation of the generation of test sets from specifications of input and output data for automated correctness-checking systems for programming contests [1].

The automated testing of solutions in programming contests is the *black-box testing* [2]: there are only an executable file and a test set; if the executable has passed this set successfully, then the solution is considered to be correct. No text analysis of the source code is performed.

The **test sets** consist of **test units**, each of these is a pair *input data – output data*. Generally, they are written into separate files (such as `input.txt` and `output.txt`); still, they can be stored in a database of another type.

Automated correctness checking

Most of the automated correctness-checking systems (ACCSs) for programming contests follow the same routine.

For each test unit in a test set,
1) The ACCS starts the being tested executable with the input data from the test unit.
2) While executing, the ACCS
   2a) registers run-time errors that caused the premature execution stop (such as *stack overflow, division by zero* etc.);
   2b) follows specified time restrictions: if the time limit is exceeded (due to waiting for the input data from a wrong stream, infinite loops, ineffective algorithm etc.) execution is stopped coercively.
3) After a regular execution stop, the ACCS checks the obtained output data by one of these methods:
   - Comparing with a model file
   - Searching through the list of all possible answers (several files)
   - Calculating the permissibility of the data obtained
4) If an answer was obtained and was recognized as correct, the ACCS reports about the successful pass of the current test unit. Otherwise, the whole run is rejected and the solution is considered erroneous.

The test set is considered **successfully passed** only when all test units from this test set have been successfully passed. Only in this case an ACCS acknowledges that the tested executable is a correct solution.

Generation of test sets

The author of a model solution (a teacher, a contest organizer etc.), while debugging it, creates and uses a test set, which later can become the checking test set. It is obvious that if the author's solution has errors which the author's test set has not found, then the same errors will be missed by an ACCS in contestants' solutions.

The automatically generated test sets can help an author to notice the incompleteness of the model test set, to add more test units and then to test the model solution on the previously omitted classes of input data. Thus the trustworthiness of the model solution can be increased.

Specifications of input and output data allow the automated generation of test sets.

Mining out specifications

Input and output data specifications, restrictions and clauses are specified by the problem's text written in the natural language. A textual analysis will extract the preliminary specification list, which then must be revised manually.

Generation of input data

The automated testing of solutions in programming contests is *the black box testing* [2] and, therefore, it strongly depends on the completeness of the test coverage of the input data space. The peculiarity of testing for programming contests is that input data are always permissible (that is, they meet all restrictions specified by the problem), which notably restricts the data domain to be covered.

In most cases, the partition of the input data domain into equivalence classes origins not from the specification form but from the problem's solution method, which is the unknown to be found. Therefore, the complete automation of this step is impossible.

After a partition of the input data domain into equivalence classes is set manually, test units can be created automatically, with the randomizing selection procedures, according to the combinatorial principle of the maximum data coverage [3].

An equivalence class includes all input data that produce the same result (or, at least, similar results). If the number of possible results is infinite, a partition of the output data domain must also be made. In this case, all data from an input equivalence class must result in data from only one output equivalence class. The number of equivalence classes cannot be infinite since this situation contradicts the run-time time restrictions.

Within an equivalence class, a generator can select any interchangeable data to make a test unit.

For each equivalence class, boundary clauses of this class must also be applied.

If all equivalence classes and boundary clauses are applied adequately (recall that singular points and areas are definitely excluded), the resulting test set covers the domain of the permissible input data fully.

Since a test set can include not only the automatically generated test units but also ones created manually, it is necessary to check that the whole set meets the problem's specifications. This checking can be automated.

Generation of output data

The output data are generated by the model solution. Still, it is necessary to check that the generated output data meet specifications. This step can be automated easily.

Summary

Thus, a semi-automated generator of test sets for automated correctness checking in programming contests should include the following parts:
- Formalization of input and output specifications
- Generation of input data – this demands the manually preset partition of the input data domain
- Checking that the input data format meets the problem's specifications and restrictions (should also be used to verify that the manually created test units are acceptable)
- Generation of output data – this is a model solution
- Checking that the format of the obtained output data meets the problem's specifications.

References

1. Andreyeva T.A. Generation of test sets for automated testing (in Russian): Андреева Т. А. Генерирование тестовых наборов для автоматического тестирования. // Материалы XXVII международной конференции «Современные информационные технологии в образовании», Троицк – Москва, 2016. – 518 с. – с.296-297.
2. Beizer B. Black-box testing: techniques for functional testing of software and systems. John Wiley & Sons, Inc. New York, NY, USA, 1995. 294 p.
3. Kuliamin V. V., Petukhov A. A. A survey of methods for constructing covering arrays. // Programming and Computer Software. Vol.37. – No.3. – 2011. – pp. 121-146.

Савашинский И.И.
бакалавр с отличием
ФГАОУВО «Уральского федерального университета
имени первого президента России Б.Н. Ельцина» г. Екатеринбург
по направлению подготовки 11.03.02:
Инфокоммуникационные технологии и системы связи
профиль: Системы мобильной связи
ЕФ ООО «Т2 Мобайл»
Инженер по планированию и эксплуатации транспортной сети и базовых станции 1 категории
egor37-ilya14@yandex.ru

ACTIVE MASKING NOISE NO ENERGY PARAMETERS FINDING USED FOR VEHICLES SPEED MEASUREMENT SYSTEM "ISKRA-1" RADIO-ELECTRONIC REPRESSION

E_{01} wave fading coefficient in standard round waveguide with its length accounting.

Measurement system has cylindrical case of *270 mm* in length and *70 mm* in diameter, i.e. waveguide tract and horn antenna (both of them are a part of measurement system antenna node) have an appropriate form – round and conical.

According International Electrotechnical Commission (IEC) version standard round waveguide in *20-24.5 GHz* frequency range has internal radius of $a_0=0.00503\ m$ value.

While emitting wave length is the following
$$\lambda_0 = c/f_0 = 3*10^8/(24.15*10^9) = 0.0124\ m \qquad (1)$$
waves of H_{11} and E_{01} types can spread in round waveguide because the following condition is performed [1]:
$$\lambda_{cr}^{H21} = 2.057 a_0 = 0.0103m < \lambda_0 = 0.0124m < \lambda_{cr}^{E01} = 2.613 a_0 = 0.0131m, \qquad (2)$$
where λ_{cr}^{H21} is a critical wave length of the nearest highest wave type – H_{21}; λ_{cr}^{E01} is a critical wave length of E_{01} wave.

Wave of H_{11} main type has a great disadvantage in round waveguide – it has unstable field polarization because of round waveguide ideal symmetry. As a rule different receivers work on definite polarization wave that's why H_{11} wave unstable polarization becomes a problem for usage of round waveguide with H_{11} wave as transmission line. But as for the lowest symmetric E_{01} wave it has a stable polarization that's why exactly this wave will be further used in round waveguide.

Wave fading coefficient α in waveguide is equal to sum of waveguide metallic sides losses α_{met} and waveguide dielectric filling α_{diel} fading coefficients and can be written in the following way [1]:
$$\alpha = \alpha_{met} + \alpha_{diel}, \qquad (3)$$

where $\alpha_{diel}=0$ because waveguide dielectric filling is a simple air with the following equalities for dielectric losses tangent, magnetic permeability and dielectric permeability appropriately: $tg\delta=0$, $\mu=1$ H/m, $\varepsilon=1$ m/H;

$$\alpha_{met}=R_s/(Z_c a_0 \sqrt{(1-(\lambda_0/\lambda_{cr}^{E01})^2)}), \quad (4)$$

where waveguide metal active skin resistance can be written in the following way:

$$R_s=\sqrt{(\omega_0 \mu_0/(2\sigma))}, \quad (5)$$

where emitting frequency in radians is the following:

$$\omega_0=2\pi f_0=2\pi*24.15*10^9 \text{ rad}, \quad (6)$$

vacuum permeability is equal to $\mu_0=4\pi*10^{-7}$ H/m,
waveguide silver sides conductibility is equal to $\sigma=62.5*10^6$ S/m, i.e.

$$R_s=\sqrt{(2\pi*24.15*10^9*4\pi*10^{-7}/(2*62.5*10^6))}=0.039 \text{ } \Omega; \quad (7)$$

and as for waveguide filling characteristic resistance it can be written in the following way:

$$Z_c=120\pi\sqrt{(\mu/\varepsilon)}=120\pi\sqrt{(1/1)}=377 \text{ } \Omega. \quad (8)$$

Let's find α value from (3)-(8) formulas:

$$\alpha=0.039/(377*0.00503\sqrt{(1-(0.0124/0.0131)^2)})+0=0.064 \text{ 1/m}=-23.9 \text{ dB/m}. \quad (9)$$

Conical horn can be made by round waveguide diameter smooth increasing. Usually used as round and elliptical polarization emitter. Horn inside field structure has a spherical wave character. Optimal conical horn length L_{opt} can be written in the following way [2]:

$$L_{opt}=(2a)^2/(2.4\lambda_0)-0.15\lambda_0, \quad (10)$$

where a is a horn aperture radius and we can equal it to $a=30$ mm (with measurement system cylindrical case 70 mm diameter accounting).

Let's find L_{opt} value from formula (10):

$$L_{opt}=(2*0.03)^2/(2.4*0.0124)-0.15*0.0124=0.119 \text{ m}. \quad (11)$$

With measurement system cylindrical case 270 mm length and optimal conical horn 119 mm length accounting we can equal round waveguide length to L=120 mm, i.e. wave fading coefficient in waveguide α' with its length accounting can be written in the following way:

$$\alpha'=\alpha L=-23.9*0.12=-2.9 \text{ dB}. \quad (12)$$

Measurement system horn-lens antenna gain coefficients while its usage as transmitting and receiving.

Conical corn radiation pattern can be found by aperture method with help of round aperture directivity factor equalities. So optimal conical horn radiation pattern width values in main planes (H-plane and E-plane appropriately) can be written in the following way [2]:

$$2\theta_{0.5}^H=70^0(\lambda_0/2a)=70^0(0.0124/2*0.03)=14^0, \quad (13)$$
$$2\theta_{0.5}^E=60^0(\lambda_0/2a)=60^0(0.0124/2*0.03)=12^0. \quad (14)$$

Optimal conical horn directivity coefficient D has the most maximum value and this value towards the radiation pattern maximum can be written in the following way [2]:

$$D=5(2a/\lambda_0)^2=5(2*0.03/0.0124)^2=117. \quad (15)$$

Dielectric lens is set in the measurement system front end, i.e. measurement system horn antenna is a horn-lens antenna and its working principal is gotten from the optics where irradiator spherical wave front is converting to flat wave front on the lens exit. Due to this fact we can get flat in-phase aperture and form a narrow radiation pattern of the following values: $2\theta_{0.5}^H=4^0$ and $2\theta_{0.5}^E=3^0$.

Horn-lens antenna directivity coefficient D_l towards the radiation pattern maximum can be written in the following way [2]:

$$D_l=7.5\pi a^2/\lambda_0^2=7.5\pi 0.03^2/0.0124^2=138. \qquad (16)$$

Horn-lens antenna energy conversion efficiency coefficients while its usage as transmitting and receiving are equal to $\eta_{tst}=0.95$ и $\eta_{rcv}=0.45$ appropriately. So horn-lens antenna gain coefficients while its usage as transmitting and receiving are equal to G_{tst} and G_{rcv} appropriately and they can be written in the following way:

$$G_{tst}=D_l*\eta_{tst}=138*0.95=131=21.2 \; dB, \qquad (17)$$
$$G_{rcv}=D_l*\eta_{rcv}=138*0.45=62=17.9 \; dB. \qquad (18)$$

Sources

1. Соловьянова И.П., Шабунин С.Н., Мительман Ю.Е. Электродинамика и распространение радиоволн. Екатеринбург, 2013.
2. obmendoc.ru Устройства СВЧ и антенны. Часть 2. Антенны.

Козомазов Д.В.
ФГБОУ ВО "ЛГТУ", кандидат технических наук,
e-mail: dkozom@gmail.com
Козомазов В.Н.
ФГБОУ ВО "ЛГТУ", доктор технических наук, профессор,
e-mail: dkozom@gmail.com
Маркович А.Ж.
бакалавр, e-mail: alexmarkovich1@gmail.com

ПРОГНОЗИРОВАНИЕ ФИЗИЧЕСКОГО ИЗНОСА ЗДАНИЙ И СООРУЖЕНИЙ

Определение физического износа зданий и сооружений представляет собой достаточно сложную задачу в оценочной и эксплуатационной деятельности. В настоящее время физический износ здания оценивается по результатам инструментального обследования или одним из нормативно-экспертных методов, к которым относятся:

1) Метод компенсации затрат. Величина физического износа, в общем виде, приравнивается к затратам на его устранение. Расчет выполняется по нормативному документу «Методика определения физического износа гражданских зданий».

2) Метод хронологического возраста. Базовая формула для расчета:

$$И_{физ} = \frac{В_х}{В_{сс}} \times 100\% ,$$

где $В_х$ – фактический (хронологический) возраст берется из технических документов на объект оценки; $В_{сс}$ – нормативный срок эксплуатации (экономической жизни) – данный показатель берется из нормативных документов по эксплуатации зданий.

3) Метод эффективного возраста. Базовая формула для расчета имеет 3 варианта написания:

$$И_{физ} = \frac{В_э}{В_{сс}} \times 100\% = \frac{(В_{сс}-В_{ост})}{В_{сс}} \times 100\% = \left(1 - \frac{В_{ост}}{В_{сс}}\right) \times 100\% ,$$

где $В_э$ – эффективный возраст объекта оценки, т.е. на какой возраст выглядит объект; $В_{ост}$ – остающийся срок экономической жизни; $В_{сс}$ – нормативный срок эксплуатации (экономической жизни).

4) Экспертный метод. В основу метода положена шкала экспертных оценок для определения физического износа, изложенная в Ведомственном нормативном документе ВСН 53-86р «Правила оценки физического износа жилых зданий». Формула для расчета имеет вид:

$$И_{физ} = \sum_1^i (И_i + УВ_i) \times 100\% \quad ,$$

где $И_{физ}$ – величина физического износа i – того элемента в здании, определенная по нормативному документу; $УВ_i$ – удельный вес i – того элемента в здании; i – номер элемента.

5) Метод разбивки предполагает определение общего физического износа по отдельным группам с учетом физической возможности устранения данного износа или экономической целесообразности его устранения: исправимый физический износ, неисправимый физический износ короткоживущих элементов, неисправимый износ долгоживущих. Метод позволяет учесть как видимые, так и скрытые факторы, вызывающие износ элементов (например, естественная «усталость» материалов), но не применим для условий, когда отсутствуют сведения о сроках проведения ремонта по короткоживущим элементам. [3]

Однако указанные методы определения физического износа зданий и сооружений имеют ряд недостатков и особенностей, затрудняющих их применение. В частности, инструментальное обследование требует немалых затрат, хотя и с большой точностью определяет величину износа, а нормативно-экспертные методики дают большую погрешность результатов. Указанные недостатки делают нецелесообразным применение вышеперечисленных методик. К тому же все они определяют физический износ на момент его определения.

Однако, на практике зачастую требуется определить величину износа на конкретный момент эксплуатации здания. В таких случаях требуется применение расчетных методик. Одна из них представляет собой математическую модель накопления физического износа зданий, чей возраст не превышает 90 лет, и имеет следующий вид:

$$y = 0{,}4 - \frac{0{,}357^{x^{0,044}}}{e^{0,0305 x}}, \qquad (1)$$

где x – хронологический возраст здания, y – величина физического износа.

Данная регрессионная модель справедлива при постоянном накоплении дефектов и деформаций конструкций зданий во времени и имеет коэффициент детерминации R2=0,99 и среднюю ошибку аппроксимации ∆=3,3, что свидетельствует о ее отличных прогнозных качествах. [1]

В данной статье представлено исследование фактического процесса накопления физического износа на примере здания производственного цеха, площадью 2823,3 кв.м. Стены здания выполнены из кирпича и бетонных блоков. Год постройки- 1985.

Требуется определить процент износа здания цеха через двадцать четыре года эксплуатации (на момент проведения инвентаризации в 2009 году). Конструктивное решение здания позволило использовать математическую модель (1). В связи с тем, что указанная модель не учитывает реальной эксплуатации конкретного здания, для применения ее к обследуемому зданию цеха необходима корректировка с учетом коэффициента условий эксплуатации $К_э$, который определяется по следующей формуле:

$$К_э = \frac{Ф_{факт}}{Ф_{мод}}, \qquad (2)$$

где $Ф_{мод}$ – физический износ здания через 30 лет эксплуатации, полученный с помощью математической модели (1), $Ф_{факт}$ - физический износ здания цеха через 30 лет эксплуатации на момент проведения экспертизы, определенный путем технического обследования.

Техническое обследование производственного цеха проводилось экспертным методом. Процент физического износа здания определен в табл. 1 и составляет, с округлением до целых, $Ф_{факт}$ = 44%.

Таблица 1

Определение физического износа здания цеха

Наименование конструктивных элементов	Физический износ конструктивных элементов, %	Доля восстановительной стоимости, %	Доля физического износа здания, %
Фундаменты	28	8	2,24
Стены	47	25	11,75
Колонны железобетонные	20	10	2
Покрытие	45	9	4,05
Кровля	20	5	1

Балки покрытия	45	10	3,5
Полы	60	10	6,0
Оконные проемы	65	11	7,15
Внутренние инженерные сети и устройства	50	9	4,5
Прочие работы	40	3	1,2
Итого		100	43,39

Физический износ, определенный по математической модели (1) составляет $Ф_{мод} = 28\%$. Графически процесс накопления физического износа по математической модели (1) представлен на рисунке 1.

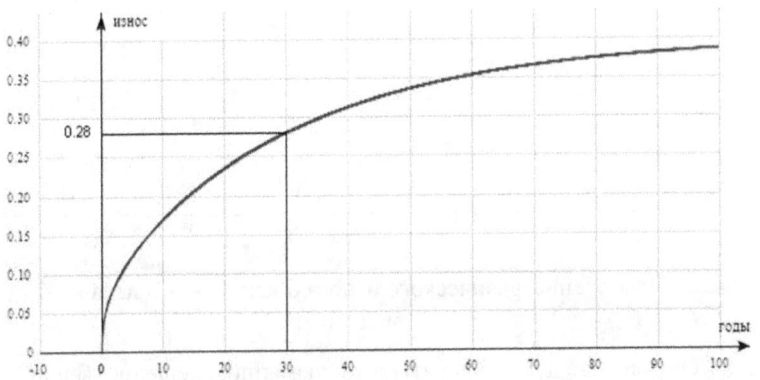

Рис. 1. Накопление физического износа зданий на основании модели (1)

Коэффициент условий эксплуатации определяется следующим образом:

$$К_э = \frac{44\%}{28\%} = 1{,}57$$

Для определения физического износа цеха на момент проведения инвентаризации в 2009 году откорректируем математическую модель (1) с учетом реальных условий эксплуатации обследуемого цеха. В результате корректировки получим математическую модель накопления физического износа обследуемого цеха, которая будет иметь следующий вид:

$$y = 1{,}57 \times \left(0{,}4 - \frac{0{,}357^{x^{0{,}044}}}{e^{0{,}0305\,x}}\right), \qquad (3)$$

где x – хронологический возраст обследуемого цеха, y – величина физического износа обследуемого цеха.

Таким образом, физический износ здания цеха через двадцать четыре года эксплуатации (на момент проведения инвентаризации в 2009 году), определенный с помощью полученной математической модели (3), составляет 39 %. В графическом виде графическом виде процесс накопления физического износа по математической модели (3) представлен на рисунке 2.

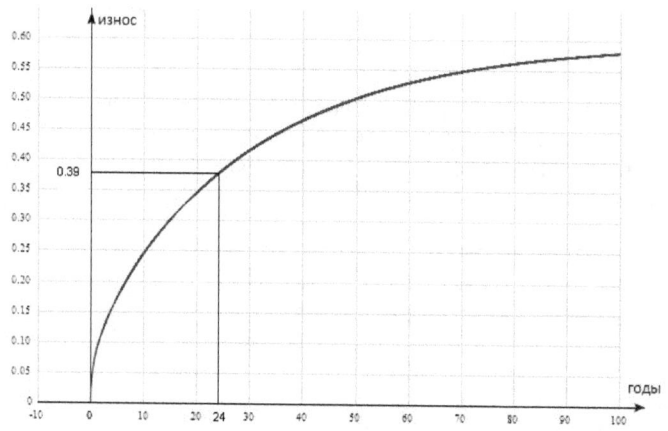

Рис. 2. Накопление физического износа обследуемого цеха на основании модели (3).

Однако, следует заметить, что указанное решение верно в случае постоянного во времени и равномерного накопления повреждений и деформаций строительных конструкций здания цеха.

Таким образом, можно сделать вывод о том, что полученная математическая модель с учетом коэффициента условий эксплуатации позволяет определить величину физического износа конкретного здания или сооружения в любой момент его эксплуатации в прошлом, а так же прогнозировать величину его физического износа в будущем.

Список используемой литературы

1. Белых А.В. Методика определения величины физического износа нежилых зданий для целей массовой застройки [Текст]. Журнал правовых и экономических исследований, 2013, 2: 78-86.

2. Козомазов Д.В. и др. Особенности математического моделирования кинетических процессов [Текст].- Вести высших учебных заведений Черноземья, 2008.

3. ВСН 53-89(р) «Правила оценки физического износа жилых зданий» Введ. 01.07. 1989 г. / Микомхоз РСФСР. М., 1987.

4. ГОСТ 31937-2011. Здания и сооружения. Правила обследования и мониторинга технического состояния [Текст]. – М., Стандартинформ, 2012.

Filenko I.A.
Post-graduate student, division "Technology of Inorganic Substances and Electrochemical Processes", MUCTR, Russia, Moscow
Pochitalkina I.A.
Candidate of technical sciences, docent, division "TIS&EP", MUCTR, Russia, Moscow, e-mail: pochitalkina@list.ru
Petropavlovskiy I.A.
Doctor of technical sciences, professor, division "TIS&EP", MUCTR, Russia, Moscow

ИССЛЕДОВАНИЕ ВЛИЯНИЯ КОНЦЕНТРАЦИИ КИСЛОТЫ НА ПРОЦЕСС РАЗЛОЖЕНИЯ ФОСФОРИТНОЙ МУКИ

Аннотация

В целях поиска эффективных путей переработки низкосортного фосфатного сырья исследован процесс разложения фосфоритной муки Полпинского месторождения (ФМ) азотной кислотой в интервале концентраций 0,01÷1М. Показано влияние исходной концентрации кислоты на процесс разложения фосфорита. На основании полученного массива данных определены константы скорости реакции и получено кинетическое уравнение для области протекания процесса, соответствующее первому порядку реакции по кислоте.

Ключевые слова: фосфатное сырье, кислотное разложение, скорость реакции.

Ориентируясь на Полпинское месторождение, ранее проводилось исследование кинетики разложения ФМ разбавленными растворами (0,1М) сильных кислот [1, 63]. Задачей настоящей работы являлось исследование процесса азотнокислотного разложения, традиционно применяемого при разложении фосфоритов, при концентрациях HNO_3: 0,01; 0,02; 0,1; 0,2; 0,5 и 1,0М. Верхняя граница выбранного концентрационного диапазона продиктована эксплуатационными требованиями к электродам.

Разложение проводили в стеклянном реакторе объемом 250 мл в изотермических условиях (25 °C) при перемешивании, обеспечивающем развитой гидродинамический режим [3, 547]. Навеска пробы подбиралась таким образом, чтобы обеспечить избыток кислоты 120% от стехиометрического соотношения. Контроль процесса кислотного разложения осуществляли хорошо зарекомендовавшим себя потенциометрическим методом [2, 3] путем снятия показаний потенциала стеклянного электрода относительно хлоридсеребряного электрода сравнения. Обработка полученного массива данных осуществлялась в программе MicrosoftExcel 2010.

Графическое изображение процесса разложения ФМ азотной кислотой во времени представлено на рис. 1а.

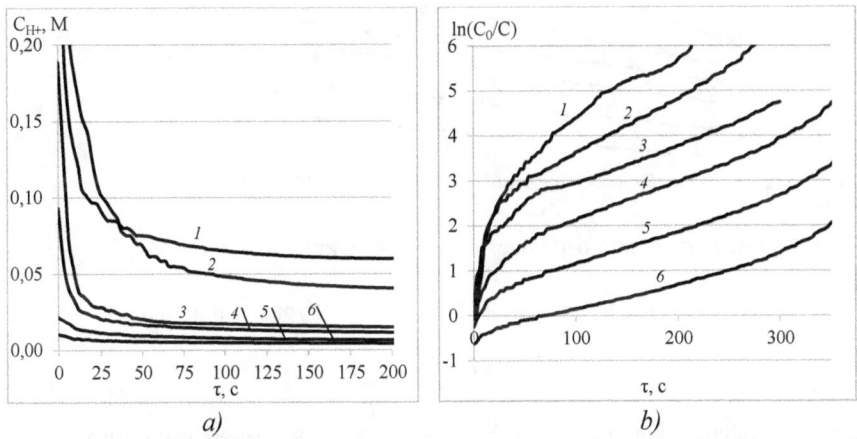

Рис. 1. Кинетические зависимости разложения фосфоритной муки азотной кислотой концентрацией 0,01÷1М в координатах C(H$^+$)-τ (a) и в полулогарифмических координатах (b): 1 – 1,0М; 2 – 0,5М; 3 – 0,2М, 4 – 0,1М; 5 – 0,02М; 6 – 0,01М.

На кинетических зависимостях 1-6 (рис. 1.b) показано влияние исходной концентрации азотной кислоты на процесс, в интервале 50-300 с выделены участки, которые описываются уравнением в интегральном виде:

$$\ln C = \ln C_0 - k\tau \qquad (1)$$

Линейные участки представленных зависимостей (рис. 2b) аппроксимированы уравнением вида y = kx + b (R^2=0,9993). Коэффициент k при переменной соответствует константе скорости реакции, которая с повышением концентрации азотной кислоты от 0,01 до 0,2М увеличивается в пределах (7,0±1,0)·10^{-3} с$^{-1}$, с повышением концентрации до 0,5М ее значение составляет (1,2±0,1)·10^{-2} с$^{-1}$, а дальнейшее увеличение концентрации в 2 раза (до 1,0М) приводит к росту ее значения до (2,2±0,1)·10^{-2} с$^{-1}$. Изменение значения константы скорости в условиях постоянной температуры, на наш взгляд, связано с изменением гетерогенности процесса, т.к. повышение концентрации азотной кислоты на два порядка сопровождается адекватным увеличением соотношения твердой и жидкой фаз (от 1:1000 до 1:10).

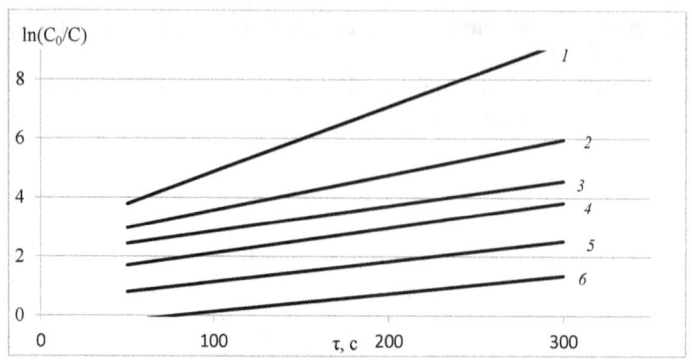

Рис. 2. Линеаризированные участки кинетических кривых 1-6.

Преобразование уравнения (1) приводит к уравнению вида:

$$C = C_0 e^{-k\tau} \qquad (2)$$

где C – текущая концентрация азотной кислоты в момент времени τ, М; C_0 – начальная концентрация азотной кислоты, М; k– экспериментально найденная константа скорости, c^{-1}, и позволяет определять концентрацию азотной кислоты в процессе кислотного разложения фосфоритной муки в указанном временном диапазоне.

Литература

1. Федотов П.С., Ряшко А.И., Киселев В.Г., Почиталкина И.А., Петропавловский И.А., Петропавловская Н.Н. Исследования кинетики солянокислотного разложения фосфоритной муки Полпинского месторождения ионометрическим методом // Успехи химии и хим. технологии: сб. науч. тр. / РХТУ. М.: РХТУ им. Д.И. Менделеева, 2012. Т. XXV, №8, с. 63.
2. S.V. Dobrydnev, V.V. Bogatch, I.A. Pochitalkina, BeskovV.S.Potentiometrik (acidimetric) studi of the fluoroapatite concentrate decomposition reaction with nitric acid. Hemicindustrie. 2000. №54 (7-8). PP. 319-323.
3. Добрыднев С.В., Почиталкина И.А., Богач В.В., Бесков В.С. Исследование кинетических закономерностей процесса кислотного разложения фторапатитаионометрическим методом. Журн. Прикл. химии. Москва, 2001 г. Т. 74. Вып.10. С. 1579-1581.
4. PochitalkinaI.A., FilenkoI.A.,PetropavlovskiyI.A. The method of control of acid's decomposition of phosphate raw materials. // European Science and Technology, April 23th – 24th, 2014. Vol. II. PP 547-551.

Антоненко О.М.,
аспирант ФГАУ ВПО «Дальневосточный Федеральный университет», эксперт в области подтверждения соответствия мяса, мясной продукции, мяса птицы, яиц и продуктов их переработки, в том числе кормовых
Бойцова Т.М.,
д.т.н., профессор ФГАУ ВПО «Дальневосточный Федеральный университет»
Нижельская К.В.
аспирант ФГАУ ВПО «Дальневосточный Федеральный университет»

КОМПЛЕКСНОЕ ВЛИЯНИЕ БАРЬЕРНЫХ ТЕХНОЛОГИЙ НА ПОКАЗАТЕЛИ КАЧЕСТВА, БЕЗОПАСНОСТИ И СРОКИ ГОДНОСТИ МЯСНЫХ ОХЛАЖДЕННЫХ ПОЛУФАБРИКАТОВ

В настоящее время в различных областях пищевой промышленности уделяется огромное внимание безопасности вырабатываемых продуктов, которая достигается за счет различных барьерных технологий. Применение барьерных технологий при производстве мясных охлажденных полуфабрикатов направлено на увеличение стойкости пищевых продуктов к микробиологической порче и повышению уровня их качества и безопасности. Показатели качества и безопасности охватывают большое количество физических, микробиологических и химических свойств, в связи с чем, наиболее эффективно применение сразу нескольких «барьеров». Для мясной промышленность основными барьерными факторами являются: низкая начальная обсемененность; низкая температура хранения; низкая активность воды; низкое значение pH; использование консервантов [1; 2].

В результате анализа основных «барьеров» было установлено, что в производственных условиях низкая начальная обсеменённость сырья в первую очередь определяет гарантированный уровень безопасности и качества вырабатываемого продукта, а также его сроки годности. Обеспечение этого «барьера» - наиболее важная и первостепенная задача.

Низкая температура хранения и переработки мясного сырья является важнейшим фактором, обеспечивающим безопасность мясных полуфабрикатов путем ограничения роста микроорганизмов и торможения развития процессов микробиологической порчи. Взаимосвязь между температурой и временем, отведенным на возможное хранение и переработку мясного сырья, заключается в следующем: чем выше температура сырья, тем меньше времени на его переработку.

Следующим немаловажным «барьером» является низкое значение pH (водородный показатель). В мясном сырье может содержаться до 75% воды, в связи с чем, изменение значения pH оказывает существенное влияние на свойства мясного сырья, а именно на влагосвязывающую способность, цвет, консистенцию, запах и вкус, скорость проникновения посолочных веществ и стойкость продукта при хранении. Величина pH позволяет оценить пригодность мясного сырья для его переработки, а также рассматривается как основной фактор, подавляющий рост губительной микрофлоры. Для мясных продуктов значение изменения показателя pH имеет диапазон от 4,5 до 7,5 и позволяет оценить способность мясной продукции к хранению [4; 6].

Изменение активности воды оказывает влияние на микробиологические, ферментативные, химические и физические процессы в мясе и продуктах из него, оказывает влияние на реакции вкусо- и цветообразования, скорость влагообмена, потери при тепловой обработке и хранении. Величина этого показателя для мясных продуктов позволяет принимать решения об оптимальном количестве используемых пищевых добавок, их влиянии на состояние воды и сохранность продукта в целом. В зависимости от величины активности воды можно рассматривать технологическую эффективность применяемых при производстве пищевых добавок. Это учитывается при разработке исходных рецептур мясных продуктов, оценке стойкости продуктов при хранении, определении рекомендуемых режимов хранения. Содержание, состояние и формы связи влаги оказывают влияние на устойчивость сырья, полуфабрикатов и готовой продукции к микробиологической порче при осуществлении их хранения.

Барьерные и супербарьерные упаковочные материалы направленны на увеличение стойкости мясных охлажденных полуфабрикатов к микробиологической порче. Такие материалы имеют сложную многослойную структуру, слои которой соединяются между собой либо в процессе тепловой диффузии под давлением – соэкструзионные пленки, либо посредством ламинирования с помощью введения слоев адгезива (полимерного клея) - ламинаты. Высокие барьерные свойства пленок обусловлены наличием соответствующих слоев барьерных полимеров, таких как поливинилхлорид, поливинилденхлорид, этиленвиниловый спирт, оксид алюминия и другие покрытия. Барьерные дуплексы и супербарьерные жесткие пленки толщиной 300-900 мкм и более имеют отличные барьерные свойства по кислороду, азоту, углекислому газу, водяному пару и инертным газам [2; 3]. Динамично развивается технология упаковки мясных охлажденных полуфабрикатов с использованием модифицированной газовой среды (МГС), отвечающей главному требованию - «барьерность» [5].

Кроме основные «барьеров», имеются дополнительные (потенциальные), к которым можно отнести окислительно-восстановительный потенциал, тепловую обработку, облучение, конкурирующую микрофлору, высокое гидростатическое давление, ультразвук, осциллирующие магнитные поля, импульсные магнитные поля.

Все большее значение в настоящее время придают комбинации основных и дополнительных «барьеров» с природными «барьерами» - натуральными консервантами.

Авторами данного исследования рассмотрена композиция основных «барьеров» с натуральными консервантами - биологически активными добавками (БАД), разрешенными к применению для пищевой промышленности «Фуколам-С», изготовленной из бурой водоросли фукус исчезающий (*Fucus evanescens*) и экстрактом кукумарии (*Cucumaria japonica*) «Тингол-2». Было установлено, что, по сравнению с использованием химических консервантов, срок годности опытных образцов увеличивался более чем на 40%. При этом, существенно повышалась биологическая ценность продукта за счет компонентов, входящих в состав БАД.

Следовательно, применяя различные композиции «барьеров», можно получить не только продукт в пролонгированными сроками годности, но и повысить его качественные характеристики.

Литература

1. Лисицын, А.Б. Основные факторы повышения стойкости мясных продуктов к микробиологической порче / А.Б. Лисицын, А.А. Семенова, М.А. Цинпаев // Все о мясе. – 2007. - № 3. – С. 16-23.

2. Семенова, А.А. Применение барьерных технологий в производстве варено-копченых колбас длительного хранения при высоких положительных температурах / А.А. Семенова, Л.И. Лебедева, А.А. Мотовилина, Л.А. Веретов // Все о мясе. – 2010. - № 6. – С. 24-28.

3. Лисагорский, В.В. Барьерные пленки: особенности состава и технологии изготовления / В.В. Лисагорский // Мясные технологии. – 2011. - № 6 (102). – С. 27-29.

4. Жаринов, А.И. Принципы увеличения сроков годности мяса и мясопродуктов / А.И. Жаринов // Мясные технологии. – 2014. - № 8 (140). – С. 42-46.

5. Аксенова, Т.И. Основные преимущества упаковки мясной продукции с использованием МГС / Т.И. Аксенова, М.К. Королева // Пищевая промышленность. – 2011. - № 4. – С. 30-31.

6. Доржиева, В.В. Разработка нового комбинированного мясопродукта с использованием барьерной технологии и принципов НАССР / В.В. Доржиева, И.А, Ханхалаева // Материалы Международной научно-практической конференции, посвященной памяти Василия Матвеевича Горбатова. – 2015. - № 1. – С. 159-160.

Асанбаев Р.Б.
бакалавр Института транспортных сооружений КГАСУ
Вдовин Е.А.
к.т.н., доцент, директор Института транспортных сооружений КГАСУ,
зав. кафедрой «Автомобильные дороги, мосты и тоннели» КГАСУ
Мавлиев Л.Ф.
к.т.н., ассистент кафедры «Автомобильные дороги, мосты и тоннели» КГАСУ

ПРОЕКТИРОВАНИЕ УЧАСТКА АВТОМОБИЛЬНОЙ ДОРОГИ С ПРИМЕНЕНИЕМ ПЕРЕХОДНОЙ КРИВОЙ ПЕРЕМЕННОЙ СКОРОСТИ ДВИЖЕНИЯ VGV KURVE

Автомобильные дороги представляют собой комплекс инженерных сооружений, предназначенных для обеспечения круглогодичного, непрерывного, удобного и безопасного движения автомобилей с расчетной нагрузкой и установленными скоростями в любое время года и в любых условиях погоды.

Для удобства и безопасности движения автомобилей изломы дороги смягчают, вписывая в их углы дуги окружности или кривые с постепенно изменяющимся радиусом кривизны (переходные кривые). В момент въезда автомобиля с прямого участка на кривую в плане условия движения изменяются. Поскольку кривая малого радиуса обеспечивает меньшую безопасную скорость движения, чем предшествующий ей прямой участок, водители транспорта снижают скорость. При этом известно, что снижение скорости происходит на всех кривых с радиусом менее 600 м, а на автомобиль начинает действовать центробежная сила. Теоретически она прилагается мгновенно, практически же – в пределах короткого участка, на котором водитель поворачивает рулевое колесо [1].

Быстрые изменения условий движения отрицательно сказываются на комфорте пассажиров, а при неблагоприятных погодных условиях могут привести к заносу автомобилей. Для исключения таких изменений между прямым участком и кривой малого радиуса вводят так называемую переходную кривую, в пределах которой кривизна оси дороги плавно изменяется от 0 на прямом участке до 1/R (R – радиус) в начальной точке круговой кривой (рис. 1) [1]. Длины переходных кривых назначают в соответствии нормативной литературой (табл. 1) [2].

Приведенные длины переходных кривых следует рассматривать как минимально допустимые. Нормативную длину переходных кривых целесообразно увеличивать в 1,5-2 раза, поскольку это придает трассе дороги зрительную плавность, способствующую проезду кривой без снижения скорости [2].

Таблица 1 – Наименьшие длины переходных кривых

Радиусы круговых кривых, м	60	100	200	300	500	600-1000	1000-2000
Длина переходных кривых, м	40	50	70	90	110	120	100

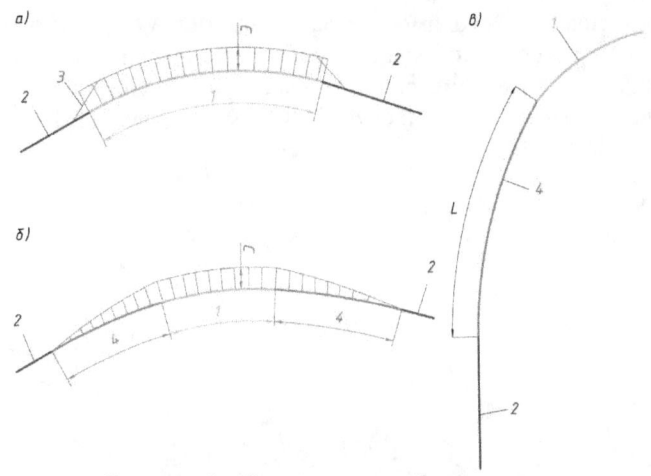

Рисунок 1 – Эпюры центробежных сил

а - нарастание центробежной силы С при непосредственном сопряжении прямой и кривой; б - то же, при введении переходной кривой; в - изменение скорости и кривизны в пределах переходной кривой.

1 - круговая кривая; 2 - прямая; 3 - фактическое изменение центробежной силы во время поворота рулевого колеса; 4 - переходная кривая

При проектировании автомобильных дорог, предназначенных для движения с высокими скоростями, переходные кривые превращаются из вспомогательного элемента кривых малых радиусов в самостоятельный элемент трассы дороги в плане и профиле, равноправный с прямыми и кривыми. Переходная кривая должна быть не только геометрически плавной, но и обеспечивать свои функциональные свойства.

Поэтому целью данной работы явилось оценка возможности проектирования автомобильной дороги с применением переходной кривой типа VGV Kurve (Variable Geswindigkait Verkehr Kurve – кривая переменной скорости движения).

Уравнение кривизны VGV Kurve представлено в следующем виде:

$$K_t = \sqrt{Jt2|a| + Jt}/(v_0 + at)^2 \qquad (1)$$

где: J – центробежное ускорение; t – время; a – ускорение автомобиля; v_0 – начальная скорость при въезде на переходную кривую.

Если в уравнение (1) ускорение a=0 м/с^2 (v=const), уравнение примет вид линейной закономерности кривизны клотоиды:

$$k_t = vt/RL \qquad (2)$$

или

$$k_l = l/RL \qquad (3)$$

где: v – скорость автомобиля; t – время; R – радиус сопряжения; L – полная длина переходной кривой; l – длина участка, по которому двигается автомобиль.

Аналитически сходимость зависимости VGV Kurve (кривой переменной скорости) и зависимости клотоиды (кривой постоянной скорости), а также их геометрическая сходимость к спирали, указывает на то, что клотоида – это частный случай VGV Kurve (рис. 2) [3].

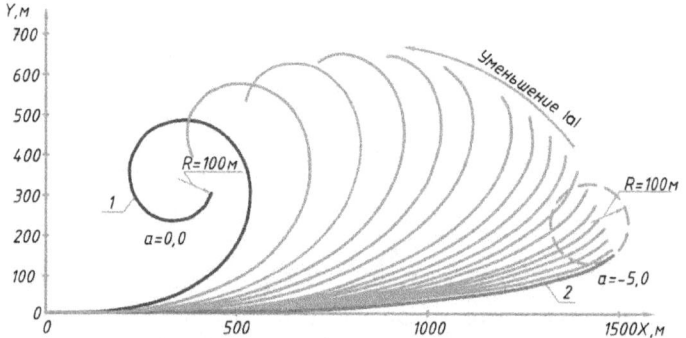

Рисунок 2 — Сходимость переходных кривых L=1500 м и R= 100 м от VGV Kurve с a=-5,0 м/с² (кривая 2) к соответствующей а=0,0 клотоиде 0 м/с² (кривая 1)

В принципах нормирования переходной кривой VGV Kurve учитываются следующие положения [3]:

• Предел функционально значимых максимальных значений dk/dt (*изменение кривизны по времени*) для VGV Kurve необходимо нормировать так же, как нормируется этот показатель у клотоиды, т.е. соблюдением условий $dk/dt \leq J_{pac}/v^2_{pac}$ или $dk/dl \leq J_{pac}/v^3_{pac}$ при более критичной для $J_ф$ постоянной скорости. При этом практически на всем протяжении нормируемой таким образом VGV Kurve, удобство движения с переменной или с постоянной скоростью будет гораздо выше, чем у клотоиды (рис. 3, кривая 2 и 3). Такое нормирование VGV Kurve позволяет обосновывать другие ее параметры. Прежде всего расчетное ускорение a_{pac}, которое в сочетании с проектной расчетной скорость v_{pac} в конце кривой обеспечит закономерность ее кривизны. Значение a_{pac} вычисляется в ходе решения уравнения $dk/dl_{l=L} = J_{pac}/v^3_{pac}$ или $dk/dt_{t=T} = J_{pac}/v^2_{pac}$.

• Вычисленные таким образом величины расчетного ускорения a_{pac} должно быть достаточно для безопасной реализации того фактического ускорения $a_ф$, которое в неблагоприятных погодных условиях может быть обеспечено коэффициентом сцепления φ [4]. На переходной кривой это требование соблюдается при $|a_{рас}| \geq 7,85\varphi$, что в сочетании с обоснованной длиной переходной кривой L позволит, например, снизить потенциально высокую скорость от v_0 в начале закругления, до безопасной скорости v_l в его экстремальной части. При несоблюдении этого условия расчетную длину L кривой VGV Kurve следует увеличивать.

- Угол дуги VGV Kurve не должен превышать конструктивно обоснованного предела β_{max}, обычно определяемого как половина угла поворота трассы. Для этого необходимо так же, как и при конструировании клотоидных закруглений, контролировать величину угла $\beta = \int_0^l k(l)dl$. Соотношение площадей треугольника с гипотенузой 1 и фигуры 4, ограниченной графиком кривизны кривой 2 (Рис. 3) иллюстрирует весомую разницу углов VGV Kurve и клотоиды, так как их радианная мера эквивалентна этим площадям. При заданном радиусе R несоблюдение условия $\beta \leq \beta_{max}$ вынуждает к компромиссу: либо увеличивая $J_{рас}$ – ухудшать удобство движения, либо сокращая расчетную длину L VGV Kurve – ухудшать безопасность движения.

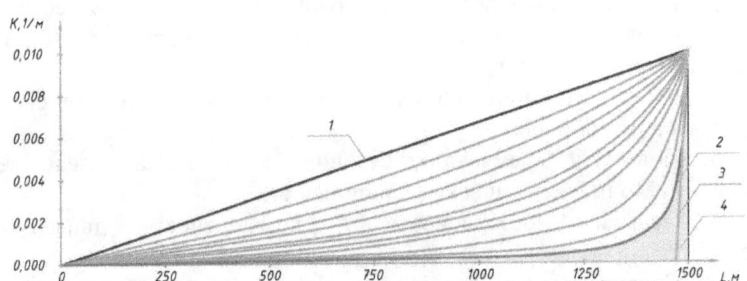

Рисунок 3 – Варьируемая кривизна множества VGV Kurve с L=1500 м и R=100 м:

1 – VGV Kurve при a=0,0 м/с² (клотоида); 2 – VGV Kurve при a=-5,0 м/с²;
3 – клотоида с таким же темпом изменения кривизны, как в конце VGV Kurve (2);
4 – площадь, эквивалентная углу β (радианы) дуги VGV Kurve (2)

Проектирование переходной кривой типа VGV Kurve в настоящий момент можно осуществить в САПР АД CREDO.

Для оценки применения переходных кривых типа VGV Kurve запроектированы два варианта участка автомобильной дороги, соединяющей населенные пункты Алан и Трыш в Балтасинском районе Республики Татарстан. Первый вариант запроектирован при помощи сплайн трассирования и изображен красным цветом. Второй вариант запроектирован с применением переходной кривой VGV Kurve, которая отмечена зеленым цветом (рис. 7).

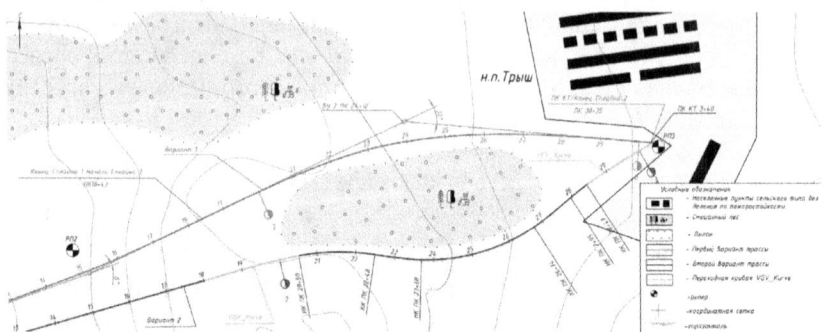

Рисунок 7 – План трассы автомобильной дороги

По результатам проведенного анализа и проектирования трассы автомобильной дороги установлено, что применение переходных кривых типа VGV Kurve позволяет:
1. Повысить плавность трассы, лучше увязывая ее с рельефом;
2. Снизить показатель коэффициента поперечной силы и действия центробежного ускорения;
3. Уменьшить монотонность движения и ослепление от света фар встречных автомобилей;
4. Повысить время для реакции водителя, а, следовательно, обеспечить его психологическую стабильность;
5. Повысить безопасность и комфортность движения на автомобильной дороге;
6. Снизить затраты на обустройство автомобильной дороги.

Список литературы

1. Бабков В.Ф., Андреев О.В. Проектирование автомобильных дорог, кн. 1. – М.: Транспорт, 1987. – 368 с.
2. СП 34.13330.2012 Автомобильные дороги. Актуализированная редакция СНиП 2.05.02-85. [Электронный ресурс]. URL: http://docs.cntd.ru/document/1200095524.
3. Величко Г.В. Проблемы и пути реализации инновационного потенциала САПР // Автоматизированные технологии изысканий и проектирования, № 1(36), 2010. – С. 28-36.
4. Величко Г.В. Функциональный анализ соответствия элементной базы проектирования дорог современным требованиям // Красная линия. Дороги, № 41/9, 2009. – С. 51-56.

Абзаева К.А.
кандидат химических наук, Федеральное государственное бюджетное учреждение науки институт химии им. А.Е. Фаворского Российской академии наук, E_mail: abzaeva@irioch.irk.ru

ПЕРВЫЙ ПРЕДСТАВИТЕЛЬ НОВЫХ УНИКАЛЬНЫХ ГЕМОСТАТИКОВ - ФЕРАКРИЛ: ПРИМЕНЕНИЕ В ПРАКТИЧЕСКОЙ МЕДИЦИНЕ

Еще в прошлом столетии в Иркутском институте органической химии СО АН СССР был создан первый представитель нового поколения локальных гемостатиков – феракрил, который прошел широкие доклинические и клинические испытания и был запатентован и разрешен к применению [1,1883;2,1233;3-5]. Феракрил представляет собой 1% водный раствор неполной соли железа полиакриловой кислоты, содержащий 0.05-2.5% Fe и отвечающий формуле $\sim(CH_2-CHCOOH)_m-(CH_2-CHCOOFe_{1/x}^{x})_n\sim$, где m>150, x=2 и 3, n=50-100 [3-5].

Феракрил является эффективным кровоостанавливающим средством местного действия и обеспечивает высокую степень гемостаза при капиллярных и паренхиматозных кровотечениях. Кровеостанавливающая активность феракрила (прочность сгустка, скорость остановки кровотечения) возрастает с увеличением содержания Fe [6,66]. Его отличает, от известных гемостатиков, уникальный неспецифический механизм гемостаза, обусловленный способностью быстро образовывать интерполимерные комплексы с белками плазмы крови [7,7;8,944]. Благодаря этому он эффективен не только при нормальной, но и при патологической системе свертывания крови (анемия, гемофилия, болезнь Верльгофа, афибриногенемия и др.) и успешно применяется в хирургии (общей, кардио-, торакальной и нейрохирургии, ортопедии, гинекологии, отоларингологии, в онкологии, в пластической и урологической, при экстракции зубов), диагностических процедурах. Кроме ускорения гемостаза, уменьшения потери крови (экономии донорской крови и перевязочных материалов), феракрил создает чистое поле операции, при этом сокращается время её проведения и облегчается труд хирурга [9,40].

В гастроэнтерологии и эндоскопии 4% водно-спиртовый раствор феракрила эффективно останавливает острые кровотечения из верхних отделов пищеварительного тракта различной этиологии путем орошения кровоточащего объекта через биопсийный канал эндоскопа[10,36]. Широко применяется феракрил в отоларингологии для лечения отитов и остановки носовых кровотечений [11,77], для обработки порезов, ссадин и других мелких травм [12,518]. Феракрил не абсорбируется в систему циркуляции крови при хирургических вмешательствах в отличие от других абсорбционных гемостатических соединений, которые дают продукты метаболизма, поэтому не влияет на функции печени, почек, надпочечников, сердечно-сосудистой и кроветворной систем, и в послеоперационный период не наблюдается повышения РОЭ и снижение количества лейкоцитов, уровень гемоглобина, не образуются внутрисосудистые тромбы [9,40;13.267]. Кроме того, он обладает антимикробной активностью, которая препятствует развитию раневой инфекции и благодаря этому ускоряет процесс реституции. При этом феракрил способствует быстрой регенерации поврежденных тканей при термических и химических ожогах различной степени тяжести [9,40;14,259].

Первый представитель нового поколения гемостатиков - феракрил, обладая уникальными свойствами, широко применяется в зарубежной медицине [12,518;13.267;14,259;15,151;16,431;17.87;18,101]. Индийские врачи исследовали клинические, радиографические и гистологические характеристики корневой пульпы после пульпотомии с использованием феракрила [15,151]. Они заключили, что гемостатическая и нетоксическая природа феракрила делает его перспективным медикаментом для процедуры пульпотомии.

Индийские ученые оценили актимикробную активность феракрила и сравнили её со стандартным антисептическим агентом повидон-иодином (Povidone-Iodine). Они показали, что у феракрила лучшая бактерицидная активность, чем у повидон-иодина, и оба препарата подавляют грибы Candida и Trichoderma при 0,4 %, при концентрации 1,0 % проявляют фунгицидные свойства [16,431].

Практика применения феракрила показывает его анестезирующий эффект, возможность использования для лечения ран, ожогов, язвы желудка, ушибов, аллергических дерматитов, отитов, гайморита и он эффективен при лечении трофических язв, эрозии шейки матки, купирует воспалительные процессы.

Феракрил не токсичен, не имеет побочных эффектов (применяют даже грудным детям при проблемах кожи, для устранения зуда любой этиологии), не требует клинического контроля. При этом уникальный гемостатик с широким спектром фармакологических свойств показан для применения в детской хирургии [17.87;18,101]. Необходимость применения феракрила в этой возрастной группе обусловлена большим количеством летального исхода, причины которого - даже минимальная потеря крови и склонность этой группы к инфекциям из-за недостаточно развитого приобретенного иммунного ответа.

Таким образом, спектр фармакологических свойств первого представителя локальных гемостатиков нового поколения, феракрила, открывает широкую область его применения в практической медицине.

Литература:

1. Абзаева К.А., Воронков М.Г., Лопыров В.А., Биологически активные производные полиакриловой кислоты, ВМС, 1997, 39Б, 11, с. 1883.
2. К. А. Абзаева, Л. Е. Зеленков, Современные локальные гемостатики и уникальные представители их нового поколения, Известия Академии наук. Серия химическая, 2015, № 6, с. 1233
3. Fr. Pat. 2426469; РЖ Хим, 1980, 21С87.
4. US Pat. 4215106; РЖ Хим, 1981, 8С546.
5. Патент 698622; РЖХим, 1993, 23С56.
6. В. З. Анненкова, Н. Г Дианова, В. М. Анненкова, *Хим.-фарм. журнал*, 1982, **16** (3), с. 66.
7. В. З. Анненкова, Н. Г. Дианова, В. М. Анненкова, *Хим.-фарм. журнал*, 1980, **14** (7), с. 7.
8. В. З. Анненкова, В. М. Анненкова, Г. С. Угрюмова, *Хим.-фарм. журнал*, 1984, **18** (8), с. 944.
9. Воронков, В. З. Анненкова, В. М. Анненкова, Г. С. Угрюмова, *Феракрил*. Вост. сиб. кн. изд-во, Иркутск, 1983, 40 с.
10. В. З. Анненкова, В. М. Анненкова, Г. М. Конончук, *Фармакология и токсикология*, 1991, 5, с. 36.
11. М. С. Плужников, *Вестник оториноларингологии*, 1986, 3, с. 77.
12. Rao AM, Patel R. Drug evaluation- feracrylum 1% gel in the local management of wound. Indian Med Gaz. 2004, V. 84, p. 518.
13. Hathial MD. Feracrylum: A therapeutic profile. Indian Pract. 2000, V. 53, p. 267.
14. Yefta Moenadjat,1 Rianto Setiabudy,2 Dalima AW Astrawinata,3 Saukani Gumay. The safety and efficacy of feracrylum as compared to silver sulfadiazine in the management of deep partial thickness burn: A clinical study report. Med J Indones 2008, V. 17(4), p. 259.
15. Prabhu N.T., Munshi A.K. Clinical, radiographic and histological observation of the radicular pulp following "feracrylum" pulpotomy J. Clin Pediatr Dent 1997, V. 21(2), p. 151.
16. Bhagwat A.M., Save S., Burli S., and Karki S.G. A Study to Evaluate the Antimicrobial Activity of Feracrylum and its Comparison with Povidone-Iodine. Indian J. Pathol. Microbiol. 2001, V. 44(4), p. 431.
17. Lahoti BK, Aggarwal G, Diwaker A, Sharma SS, Laddha A Hemostasis during hypospadias surgery via topical application of feracrylum citrate: A randomized propective study. J Indian Assoc Pediatr Surg. 2010, V.15, p. 87.
18. Zwischenberger JB, Brunston RL, Jr, Swann JR, Conti VR. Comparison of two topical collagen-based haemostatic sponges during cardiothoracic procedures. J Invest Surg. 1999, V.12, p. 101.

Морозова Т.Ф., доцент, канд. физ.-мат. наук, **Демин М.С.**, доцент, канд. физ.-мат. наук, **Морозов А.С.**
ФГАОУ ВО «Северо-Кавказский федеральный университет»
demin_ms@mail.ru

РЕГРЕССИОННЫЙ АНАЛИЗ ЭКСПЕРИМЕНТАЛЬНЫХ ДАННЫХ ЭЛЕКТРОФИЗИЧЕСКИХ СВОЙСТВ ТОНКИХ СЛОЕВ МАГНИТНОЙ ЖИДКОСТИ

Для идентификации сложных объектов, к которым можно отнести и магнитные жидкости, являющиеся высокодисперсными коллоидами ферромагнетиков, широко используются экспериментально-статистические методы, которые позволяют установить зависимости между входными параметрами (факторами) и выходными (показателями функционирования объекта) в виде уравнений регрессии [1]. Свойства объекта исследования возможно описать различными моделями. Для выбора модели описания необходимо задаться определенными критериями. При этом модель должна удовлетворять требованиям адекватности, содержательности и быть по возможности максимально простой.

Статистическая обработка экспериментальных исследований микрослоев магнитной жидкости заключалась в получении математической модели, описывающей связь между величиной электрической емкости ячейки с микрослоем магнитной жидкости и входными параметрами: объемная концентрация дисперсной фазы (φ, %), межэлектродное расстояние (d, мм), поляризующее напряжение ($U_п$, В) и температура ($t,°$ С). В работах [2 – 5] проведены экспериментальные исследования микрослоев магнитной жидкости при изменении указанных параметров ячейки, общее число проведенных опытов составило более 2000. Микрослой магнитной жидкости типа «магнетит в керосине» создавался между двумя электродами, в качестве которых применялись стеклянные пластины с проводящей поверхностью In_2O_3-SnO_2 толщиной до 0,4 мкм. Толщина микрослоя (100…200) мкм задавалась введением фторопластовых пленок, размеры электродов (40х50) мм^2. Характерные зависимости проведенных экспериментальных исследований представлены на рисунках 1 и 2.

На начальном этапе проведенной обработки рассчитывались корреляционные матрицы изменений величины емкости ячейки с различными объемными концентрациями дисперсной фазы в диапазоне от 2 до 14% (шаг изменения 2%). Корреляционные матрицы были рассчитаны для отдельно взятых концентраций и суммарного диапазона концентраций [2]. Результаты расчетов приведены в таблице 1.

Проведенный анализ позволил сделать следующие выводы:

а) влияние изменения межэлектродного пространства на электрическую емкость ячейки близко к линейному (для всего диапазона исследуемых концентраций магнитной жидкости суммарный коэффициент корреляции составляет $-0,6856$);

б) зависимость величины емкости ячейки от объемной концентрации дисперсной фазы имеет значительную нелинейность (коэффициент линейной корреляции в исследуемом диапазоне концентраций составляет 0,4);

в) с увеличением объемной концентрации возрастает зависимость емкости ячейки от поляризующего напряжения (коэффициент линейной корреляции увеличивается пропорционально росту концентрации, достигая значения 0,34 при концентрации 14%);

г) воздействие температуры указывают, что в исследуемом концентрационном диапазоне имеется область концентраций (6...10)% с неизменной величиной коэффициента линейной корреляции (0,37).

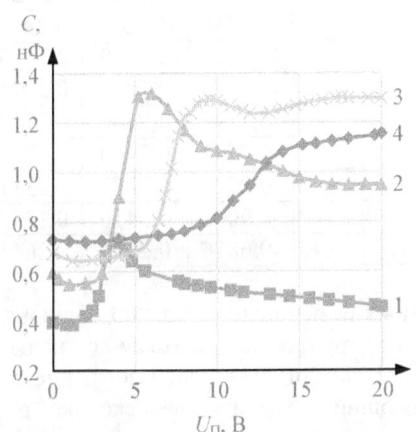 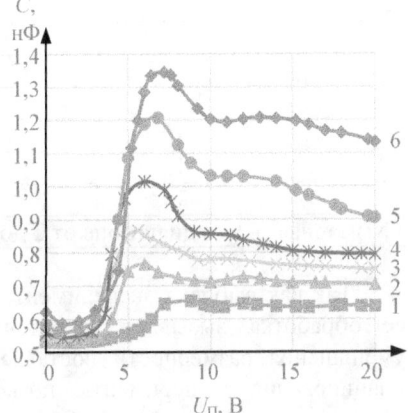

Рис. 1 – Характерные зависимости емкости $C = f(\varphi\%; U_\Pi)$ из концентрационного ряда магнитной жидкости «магнетит в керосине» при t = 95°C, d = 100 мкм: 1 – 2%; 2 – 6%; 3 – 10%; 4 –14%

Рис. 2 – Характерное изменение емкости $C = f(U_\Pi; t°)$ микрослоя магнитной жидкости d = 100 мкм с концентрацией дисперсной фазы 8%: 1 – 20°C; 2 – 45°C; 3 – 55°C; 4 – 65°C; 5 – 85°C; 6 – 95°C

На основании полученных экспериментальных результатов построена регрессионная модель, связывающая исследуемые параметры:

$$C = 0,1026 + 0,0251X_1 + 0,0156X_2 + 0,0087X_3 + 0,0029X_4, \quad (1)$$

где X_1 – объемная концентрация дисперсной фазы магнитной жидкости φ от 2 до 14 %;

X_2 – толщина слоя d от 0,1 до 0,2 мм;
X_3 – поляризующее напряжение $U_\text{П}$ в от 0 до 20 В;
X_4 – температура t в диапазоне от 20 до 95 °С.

Отсюда, регрессионное соотношение приобретает следующий вид:
$$C = 0,1026 + 0,025\varphi + 0,0156d + 0,0087U + 0,0029t.$$

Для полученной произведен расчет ее погрешностей, из которого следует, что линейная аппроксимация зависимости $C=f(\varphi,\%; d; U_\text{П}; t°)$ при описании экспериментальных данных дает среднюю ошибку в 34,7 % и для отдельных опытов достигает 100 %, что не может считаться удовлетворительным.

Таблица 1 – Коэффициенты корреляции между величиной электрической емкости ячейки и ее параметрами в диапазоне изменения поляризующего напряжения от 0 до 20 В

φ,%	Коэффициент корреляции			
	φ, %	d, мм	$U_\text{П}$, В	t,° С
2	–	-0,8438	-0,0515	0,2863
4	–	-0,7551	0,0559	0,3510
6	–	-0,7340	0,1873	0,3714
8	–	-0,7370	0,2440	0,3712
10	–	-0,7797	0,3070	0,3723
12	–	-0,8221	0,3377	0,2311
14	–	-0,9006	0,3416	0,1252
Суммарная φ, % в диапазоне от 2 до 14%	0,4	-0,6856	0,2475	0,2645

Так как выборка экспериментальных результатов довольно обширна, ее обработка вызывает значительные трудности. Поэтому с целью уменьшения размерности поставленной задачи был использован метод планирования эксперимента, позволяющий повысить в несколько раз эффективность исследований за счет значительного сокращения числа экспериментальных опытов, используемых в выборке.

Нелинейные эффекты являются отличительной особенностью магнитной жидкости, как высокодисперсной системы, и определяют ее поведение во внешнем электрическом поле, что подтверждают характерные изменения емкости ячейки, заполненной магнитной жидкостью, с выраженным максимумом в поляризующем напряжении (рисунки 1 и 2). Известно, что для описания отклика в окрестностях экстремума в инженерной практике широкое применение находят полиномы [6], что может быть использовано для описания полученных нами экспериментальных зависимостей.

Для формирования математической модели был использован D-оптимальный ортогональный план дробного факторного эксперимента

$2^1 \cdot 6^3$ и составлена матрица факторов на различных уровнях [7]. Оценка погрешности регрессионной линейной модели дала среднюю величину ошибки 36,05 %, что практически совпадает с величиной погрешности линейной модели (1).

С использованием дробного факторного эксперимента были получена нелинейная модель со средней ошибкой 16,77%:

$$C = 0,00006 - 0,0000027 d^2 + 0,0085 \frac{\varphi}{d} - 0,0024\,\varphi + \frac{0,00000115}{\varphi^3} + \qquad (2)$$
$$+ 0,00029\, U^2 + 0,00000184\, U^3 + 0,0032\, t + 0,00000355\, \varphi^2$$

Из проведенного анализа следует, что для более точного описания зависимости электрической емкости ячейки с магнитной жидкостью от толщины слоя, температуры среды, величины поляризующего напряжения и объемной концентрации дисперсной фазы необходимо применение кусочной аппроксимации и нелинейных регрессионных моделей.

Список литературы

1. Круг Г.К., Сосулин Ю.А., Фатуев В.А. Планирование эксперимента в задачах идентификации и экстраполяции. М.: Наука, 1977. 208 с.

2. Кожевников В.М. Статистическая обработка результатов исследования электрофизических свойств тонких слоев магнитной жидкости/ Т. Ф. Морозова, С. А. Филиппов // Сб.науч.тр. СтГТУ, серия «Естественнонаучная». 1999. Вып.2. С.104-107.

3. Кожевников В.М., Морозова Т.Ф. Электрофизические параметры тонких слоев магнитной жидкости и ее компонентов//Сб. науч.тр., серия «Физико-химическая». 1999. Вып. 3. Ставрополь: СевКавГТУ. С.60-66.

4. Kozhevnikov, V. M. Dielectric permittivity of a magnetic fluid stratum in electric and magnetic fields / V. M. Kozhevnikov, T.F. Morozova // Magnetohydrodynamics. 2001. Vol. 37. N 4. P. 383–388.

5. Морозова, Т. Ф. Взаимосвязь процессов поляризации и структурирования в микрослое магнитной жидкости/ Т.Ф. Морозова, М.С. Демин // Вестник СевКавГТУ. 2012. № 3 (32), Ставрополь: СевКавГТУ. С. 9–12.

6. Теория и техника теплофизического эксперимента: Учеб. пособие для вузов / Ю.Ф. Гортышов, Ф.Н. Дресвянников, Н.С. Идиатулин, и др.; Под ред. В.К. Щукина. М.: Энергоатомиздат, 1985. 360 с.

7. Таблицы планов эксперимента для факторных и полиномиальных моделей. Бродский В.З. и др. М.: «Металлургия», 1982. 753 с.

Сорокина Д.С.
аспирант ФГБОУ ВПО «Удмуртский государственный университет»

ЗАКОН РАСПРЕДЕЛЕНИЯ ВЕРОЯТНОСТИ ПУАССОНА В ДОЛГОСРОЧНОМ ПРОГНОЗИРОВАНИИ ПАВОДКОВОЙ ОБСТАНОВКИ

Последние несколько лет паводковая обстановка в Удмуртской Республике характеризовалась как относительно спокойная. Не наблюдалось значительных затоплений жилой застройки населенных пунктов, подъем рек в период весеннего половодья не превышал отметок опасных явлений, паводок проходит в два этапа. На первом этапе происходило таяние снега на полях и ледовой массы водных объектов, что наблюдалось в виде подъема уровня воды на водных объектах (пика паводка). На втором этапе таяние снега происходило в логах и лесах, что приводило к вторичному подъему уровня воды на водных объектах (второму пику паводка).

Если в период половодья наряду с положительными температурами в дневное время наблюдались минусовые температуры в ночное время, то паводок протекал спокойно и талые воды равномерно сходили в русло, в противном случае паводковая обстановка становилась сложной.

Особенностью весеннего паводка 2016 года явилось одновременное наложение многих природных факторов на формирование пика его прохождения в коротком временном интервале. Повышенная температура воздуха, интенсивное таяние запаса снега в логах и лесах, обильные осадки в виде дождей повлекли активный приток паводковых вод во все водные объекты на территории Удмуртской Республики (в том числе реки и ручьи на водосборе реки Иж, впадающей в Ижевское водохранилище), начался пик прохождения паводковых вод.

На ряде водных объектов было зарегистрировано превышение уровней воды до уровня неблагоприятных и опасных явлений, что привело к затоплению домов и придомовых территорий в п. Балезино, п. Игра, с. Яган, г. Глазов, г. Ижевск и нарушению условий жизнедеятельности населения. Пострадало 430 человек (в том числе 99 детей), было затоплено 115 жилых домов и 502 придомовые территории.

Все населенные пункты, в которых были зарегистрированы затопления, были учтены при разработке прогноза весеннего половодья на 2016 год и также были рассмотрены в рамках долгосрочного прогноза возникновения чрезвычайных ситуаций на территории Удмуртской Республики в 2016 году, поэтому прогноз оправдался.

Всего в период с 1965 по 2016 год произошло 58 чрезвычайных ситуаций и угроз чрезвычайных ситуаций в 21 муниципальном образовании Удмуртской Республики.

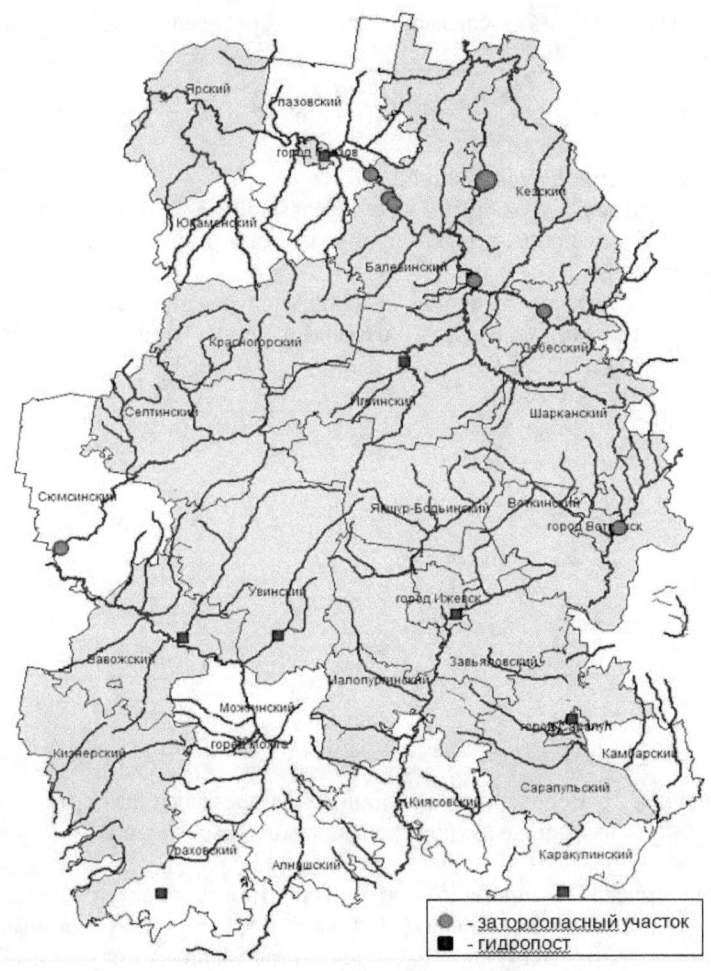

Рисунок 1 – Муниципальные образования Удмуртской Республики, подверженные паводковым явлениям

Несмотря на то, что количество чрезвычайных ситуаций, происшествий, аварий и катастроф никак не зависят от статистики, а зависят от совокупности внешних и внутренних факторов, это есть случайные дискретные величины, поэтому мы будем работать с ними изложенным далее способом.

Используя статистические данные по затоплениям территорий Удмуртской Республики с 1965 по 2016 год, найдем вероятность возникновения чрезвычайных ситуаций, вызванных воздействием паводковых явлений, согласно закону распределения вероятности Пуассона:

$$p_n(к)=\lambda^к e^{-\lambda}/к!,$$

где n – период наблюдений;

p – вероятность того, что чрезвычайная ситуация, вызванная воздействием паводковых явлений, произойдет к раз;

λ=np=const.

Математическое ожидание в данном случае примет значение 1,13. Построим график, наглядно отображающий закон распределения случайной величины.

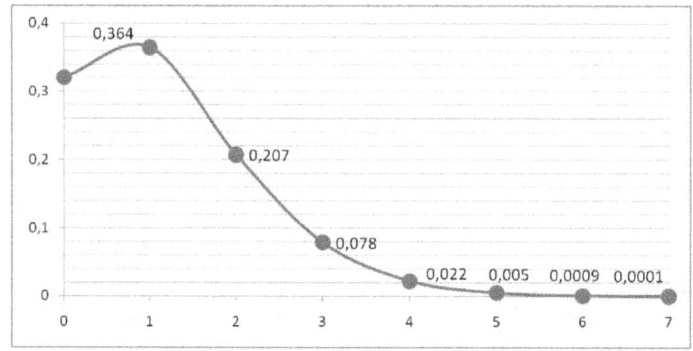

Рисунок 2 – Вероятность возникновения чрезвычайных ситуаций, вызванных воздействием паводковых явлений

На рис. 2 показано, что вероятность наступления одной чрезвычайной ситуации равна 0,364 (или 36,4 %), двух чрезвычайных ситуаций – 0,207 (или 20,7 %), трех чрезвычайных ситуаций – 0,078 (или 7,8 %). Вероятность возникновения одной чрезвычайной ситуации на порядок выше, чем вероятность того, что в следующем году произойдут три чрезвычайные ситуации, и на несколько порядков выше, чем вероятность того, что в Удмуртии за один год будет зарегистрировано семь чрезвычайных ситуаций, вызванных паводком.

Долгосрочное прогнозирование с использованием закона распределения вероятности Пуассона в данном случае дает возможность силам и средствам Удмуртской территориальной подсистемы единой государственной системы предупреждения и ликвидации чрезвычайных ситуаций заранее подготовиться к действиям в паводковый период, спланировав необходимые превентивные мероприятия.

Хусаинова Г.В.
доцент, канд. физ.-мат. наук,
Уральский государственный архитектурно-художественный университет
E-mail: aldisa@mail.ru

Хусаинов Д.З.
доцент, канд. физ.-мат. наук,
Уральский государственный архитектурно-художественный университет
E-mail: damiran@mail.ru

ВЫРОЖДЕННОЕ СОЛИТОННОЕ РЕШЕНИЕ УРАВНЕНИЯ КАДОМЦЕВА –ПЕТВИАШВИЛИ КАК ПРЕДЕЛБНЫЙ СЛУЧАЙ ДВУХСОЛИТОННОГО РЕШЕНИЯ

Уравнение Кадомцева – Петвиашвили (КП) [1,755]:

$$\partial_x \left(\partial_t U + 6 U U_x + U_{xxx} \right) + \alpha U_{yy} = 0 \qquad \alpha = \pm 1 \qquad (1)$$

является обобщением на слабонеодномерный случай уравнения Кортевега – де Фриза и описывает слабонелинейные волновые процессы. В качестве примеров можно привести [3] ионно-звуковые волны и магнитодинамические волны в плазме, волны в упругих пластинах, волны сжатия в жидкостях и т.д.

Известно, что для данного уравнения были построены [3, с 279] в явном виде солитонные решения, представляемые в виде стандартных конечных рядов экспонент, где каждая экспонента зависит от произвольной фазовой постоянной. Начиная с работы Хироты [5, с 88] и работ многих других авторов [2, с 108], эти фазовые постоянные считались вещественными постоянными, не имели особенностей и не зависели от физических параметров солитона, таких как амплитуда и скорость. Однако, если рассматривать фазовые постоянные в солитонных решениях в виде определенных несингулярных функций физических параметров солитона [6, с 222], тогда можно получить новый класс точных решений в виде рациональных функций по пространственной переменной x и времени t.

В данной статье мы построим новое точное решение уравнения КП, выбрав, фазовые постоянные в виде определенных сингулярных функций параметров солитона- вырожденное солитонное решение (полиномиально-экспоненциальное (ПЭ) решение).

Рассмотрим двухсолитонное решение [6, с 225] уравнения (1):

(2)
$$U = 2\partial_x^2(\log f)$$

(3)
$$f = 1 + e^{\eta_1} + e^{\eta_2} + e^{\eta_1+\eta_2+A_{12}},$$

где $\quad \eta_i = k_i\left(x + P_i y - (k_i^2 + \alpha P_i^2)t\right) + \eta_i^0,$

k_i, P_i, η_i^0 – произвольные ограниченные вещественные постоянные,

(i=1,2) и $\quad e^{A_{12}} = \dfrac{3(k_1-k_2)^2 - \alpha(P_1-P_2)^2}{3(k_1+k_2)^2 - \alpha(P_1-P_2)^2}.$

Заметим, что для вещественных постоянных η_i^0 ($i = 1,2$) в пределе $P_1 \to P_2$ и $k_1 \to k_2$ выражения (2), (3) сводятся к односолитонному решению. Нетривиальное решение нового типа можно получить в пределе $P_1 \to P_2$ и $k_1 \to k_2$, если рассматривать фазовые постоянные неограниченными и имеющими особенности. Предположим, что фазовые постоянные являются сингулярными функциями параметров солитона:

$$\exp(\eta_1^0) = -\exp(\eta_2^0) = \frac{1}{2k_1\sqrt{e^{A_{12}}}} \; ;$$

тогда выражение (3) можно записать в виде

$$f = 1 + \frac{1}{2k_1\sqrt{e^{A_{12}}}} \cdot e^{\frac{(\eta_1+\eta_2)}{2}} \cdot 2\operatorname{sh}\frac{(\eta_1-\eta_2)}{2} - \frac{1}{4k_1^2} e^{\eta_1+\eta_2}$$

или

$$f = 1 + \frac{1}{2k_1\sqrt{e^{A_{12}}}} \cdot e^{\frac{(\eta_1+\eta_2)}{2}} \cdot 2\operatorname{sh}\frac{((k_1-k_2)x + (k_1 P_1 - k_2 P_2)y - ((k_1^3-k_2^3) + \alpha(k_1 P_1^2 - k_2 P_2^2))t)}{2} -$$
$$- \frac{e^{\eta_1+\eta_2}}{4k_1^2}$$

В пределе $P_1 \to P_2$ из предыдущей формулы имеем:

$$f = 1 + \frac{1}{2k_1}\sqrt{\frac{(k_1+k_2)^2}{(k_1-k_2)^2}}\, 2\operatorname{sh}\frac{(k_1-k_2)(x-(k_1^2+k_2^2+k_1\cdot k_2)t + P_1 y - \alpha P_1^2 t)}{2}\exp(\frac{\chi_1}{2}) -$$
$$- \frac{1}{4k_1^2}\exp(\chi_1),$$

где $\chi_1 = (k_1 + k_2)x + (k_1 + k_2)P_1 y - (k_1^3 + k_2^3)t - \alpha(k_1 + k_2)P_1^2 t$

Далее, в пределе $k_1 \to k_2$ мы получаем простейшее вырожденное солитонное решение уравнения КП:

$$f = 1 + (x - 3k_1^2 \cdot t + P_1 y - \alpha P_1^2 t)\exp(\gamma_1) - \frac{1}{4k_1^2}\exp(2\gamma_1). \qquad (4)$$

Здесь $\gamma_1 = k_1(x + P_1 y - (k_1^2 + \alpha P_1^2)t)$.

При получении формулы (4) мы учли, что $\mathrm{sh}\beta \sim \beta$ при $\beta \to 0$. Отметим, что предельный переход $P_1 \to P_2, k_1 \to k_2$ соответствует вырожденному случаю, так как двум солитонам соответствуют два равных параметра. Нетрудно проверить, что функция $U(x,t)$, определяемая формулами (2) и (4) удовлетворяет уравнению (1).

В результате нами получено простейшее вырожденное солитонное решение уравнения КП (ПЭ решение) как предельный случай двухсолитонного решения.

Литература

1. Кадомцев Б.Б., Петвиашвили В.И. Об устойчивости уединенных волн в слабодиспергирующих средах//ДАН СССР –1970– Т.192, № 4 .753 – 756.
2. Додд Р., Эйлбек Дж., Гиббон Дж., Моррис Х. Солитоны и нелинейные волновые уравнения.– М: Мир, 1988 – 694 с.
3. Скотт Э. Волны в активных и нелинейных средах в приложении к электронике. – М.: Сов.Радио, 1977 – 368с.
4. Johnson R.S., Thompson S. A solution of the inverse scattering problem for the Kadomtsev – Petviashvili equation by the method of separation of variables// Phys.Lett.A –1978 –V.66 –P.279-281.
5. Hirota R., Satsuma J. A Variety of Nonlinear Network Equations Generated from the Backlund Transformation for the Toda lattice// Suppl. of Progress of Theoretical Physics –1976, № 59 –P.64 – 100.
6. Абловиц М., Сигур Х. Солитоны и метод обратной задачи.- М.; Мир, 1987 - 478с.

Косырева М.С.
кандидат филологических наук, старший преподаватель кафедры иностранных языков Сибирского института управления – филиала Российской академии народного хозяйства и государственной службы при Президенте Российской Федерации, г. Новосибирск
mar.kosy@yandex.ru

ФУНКЦИОНАЛЬНЫЕ ВОЗМОЖНОСТИ ГЛОБАЛИЗМОВ

В начале XXI в. в условиях глобальной англоязычной коммуникации новые слова и значения, появляющиеся в английском языке, стремительно проникают в лексические системы множества языков мира (например, *selfie, trend, blog, account* и т.п.). Такие слова узнаваемы и понимаемы в масштабах всей планеты – в глобальном масштабе. Мы называем их глобализмами [1]. Эти слова совпадают по значению (полностью или частично) в глобальном (английском) и еще пяти субглобальных (испанском, немецком, португальском, русском и французском [2]). В данной работе мы суммируем наши наблюдения над функциональными возможностями глобализмов.

При вполне закономерном функциональном синкретизме глобализмов можно говорить о примате номинативной (прежде всего, ее разновидностью – терминологической) и деривационной функций. Функциональная значимость определяется характером номинации (тематической принадлежностью) и условиями современной глобальной коммуникации.

Иноязычная по происхождению лексика традиционно относится к тем разрядам стилистически окрашенных слов, которые в целом могут характеризоваться однородностью экспрессии, что связано, прежде всего, с ощущением иностранности глобализмов. Это ощущение поддерживается за счет необычного фонетического облика слова, ощущения новизны лексической единицы, частичного или полного непонимания значения заимствованного слова и прочих факторов.

На ранних этапах адаптации из большой группы прагматических функций глобализмы выполняют только аттрактивную (в частности — экзотическую и декоративную) и профессионально-маркирующую функциии. В дальнейшем существенно расширяется спектр реализации их функционально-стилистического потенциала.

Это относится, прежде всего, к эмоционально-оценочной функции, которая реализуется в основном как функция положительной оценки, связанная с социальной престижностью глобализмов. Престижность новых слов англоязычного происхождения по сравнению с исконными или ранее заимствованными словами достаточно очевидна (ср. в русском языке: *тренд – тенденция*).

Филологические науки

Профессионально-маркирующая функция была присуща англоязычной терминологии всегда — ее, в принципе, призвана выполнять любая специальная терминология. А вот проявление социально-аттестующей функции отмечается нами только в отношении глобализмов. Свободное оперирование полужаргонными терминами современной интернет-коммуникации является свидетельством высокого статуса человека в интернет-социуме.

Количественный прирост, широкая употребительность и интенсивная адаптация в последнее десятилетие привели к тому, что глобализмы приобрели способность выступать в качестве элементов языковой игры, что, как правило, приводит к созданию комического эффекта. Англоязычные слова не содержат эксплицитно выраженную комическую экспрессию: она возникает в результате нарушения ситуативной обусловленности употребления англоязычных элементов, когда, например, глобализмы, употребляются по отношениям к объектам из другой исторической или национально-культурной среды, а также в результате нарушения в тексте логической связи. Комический эффект тем сильнее, чем резче стилевой контраст между англоязычным словом и контекстным окружением.

Таким образом, глобализмы существенно расширяют диапазон своих функционально-стилистических возможностей по мере распространения в языках мира через субглобальные языки. Успешно справляясь с выполнением целой группы традиционно присущих иноязычиям номинативных и деривационных функций, глобализмы включаются в процесс реализации таких не свойственных иноязычиям прагматических функций, как эмоционально-оценочная, социально-аттестующая и игровая.

Литература

1. Косырева М.С. Глобализмы в русском языке. М.: Юнити-Дана, 2016.
2. Shahar Ronen, Bruno Gonçalves, Kevin Z. Hua, Alessandro Vespignani, Steven Pinker, César A. Hidalgo Links that speak: The global language network and its association with global fame // Processing of the National Academy of Sciences of the United States of America. 2014. vol. 111. no. 52.

Александрова Е.С.
к. филол. н.
Волгоградский государственный университет
elona1@mail.ru

ГЕНДЕРНО-МАРКИРОВАННАЯ РЕПРЕЗЕНТАЦИЯ ЭМОЦИЙ В АНГЛОЯЗЫЧНОМ НОВОСТНОМ ТЕКСТЕ

В последнее время учёные различных направлений и научных школ заинтересованы в исследовании гендерной специфики возникновения и проявления эмоций. Если лингвисты изучают эмоции и способы их языковой репрезентации, как правило, на материале художественных текстов, то мы обратились к новостным текстам гендерно-нейтральной тематики, а именно, темы стихийных бедствий (ураганы, землетрясения, оползни, тайфуны, цунами), освещаемые в равном количественном отношении fe/male авторами, однако по-разному.

Как известно, роль СМИ не сводится к выполнению функции чисто технического канала, передающего «объективную» информацию от субъекта к субъекту без каких-либо трансформаций, наоборот, СМИ, в той или иной мере, осуществляют социально-преобразующую репрезентацию реальности, и традиционная информативная функция уступает позиции воздействующей функции. Таким образом, задача повлиять на массы и удержаться на финансовом плаву заставляет СМИ эмоционализировать передаваемую ими информацию. Вследствие этого для привлечения внимания массового читателя, зрителя, Интернет-пользователя функция воздействия постепенно вытесняет все остальные функции, и средства массовой информации превращаются в средства массового воздействия.

Анализ гендерной специфики новостного текста позволил выявить, что мужская эмоциональность проявляется в эмотивных номинациях стихийного бедствия и его политических и экономических последствий для нации (_ferocious super-typhoon, nightmarish earthquake, horrendous damage, terrifying economic consequences etc._), в то время как женская – кроется во врождённом умении сопереживать, проявлять эмпатию к участникам события, замечать и расшифровывать невербальные сигналы их психо-физического и эмоционального состояния (_clutch $_v$ = hold something or someone tightly, especially because you are frightened, in pain; crumple $_v$ = be distorted in agony; distress $_v$ = make someone feel very upset or worried; tremble $_v$ = shake gently with fear; scream $_v$ = cry loudly because of strong emotions such as fear, anger etc._[4]_; suffer $_v$ = feel pain or sadness; frighten $_v$ = make someone feel fear; scare $_v$ = feel worried etc._[3].

Так, Джемми Уилсон, отражает эмоциональное состояния участника события, его отчаяние в семантике эмоционально-оценочного глагола говорения _to plead_ (to ask for something that you want very much, in a sincere and emotional way)(умолять – просить кого-то о чём-то в эмоциональной форме): *«Can I please have a blanket?" pleaded the man in the yellow jacket and blue trousers»*[6], а также при описании его телодвижения: *« But I got nothing. I need something to sleep on. Please, please, I need a blanket," the man replied, banging his foot on the floor»*[6]. Люси Рок описывает эмоциональное состояние двенадцатилетней девочки, используя эмоционально-экспрессивные глаголы и словосочетания: *«At the mention of the earthquake, her 12-year-old daughter Wahida's face crumples, her body racked with sobs»*[7]. Показывая эмоциональное состояние участника события Тима Анвайлера, покидающего затопленный Новый Орлеан, сжимающего в отчаянии и растерянности клочок бумаги с картой дорог, Сьюзан Картер также употребляет эмоционально-экспрессивный глагол *to clutch (*to clutch = to hold something or someone tightly, especially because you are frightened, in pain ,or do not want to lose something (LDCE): *«Tim Anweiller, 43, was parked on the main road outside the entrance to the centre clutching a piece of paper. Almost in tears, he was trying to read directions he had been given»*[6].

Таким образом, как видно из примеров, журналист-женщина большое внимание уделяет невербальным сигналам психологического состояния участников события. Причина такой высокой чувствительности женщины к скрываемому подтексту, кроется, по мнению В.П. Шейнова, во врожденном умении замечать и расшифровывать невербальные сигналы [2].

Воспринимая явление действительности, субъект одновременно может выразить *оценку* его. В отличие от эмоций, которые могут принадлежать как говорящему, так и другому лицу, оценка всегда исходит от говорящего (исключая тот случай, когда говорящий сам оценивает свои действия и поступки). Будучи выраженной языковыми средствами, она становится свойством языковых элементов, их *оценочностью*. Мы склонны придерживаться точки зрения В.К. Харченко, который под оценочностью понимает отношение говорящего к предмету речи, т.е. *оценочность* – это заложенная в слове положительная или отрицательная характеристика человека, предмета, явления [1].Оценочность как основной стилеобразующий фактор публицистических материалов начинает играть свою роль уже на самой ранней стадии создания текста, проявляясь в отборе и классификации фактов и явлений действительности, в их описании под определенным углом зрения, в соотношении негативных и позитивных деталей, в специфических лингвистических средствах.

Так, исследование материала позволило сделать вывод о том, что авторы-женщины преимущественно выражают оценку при помощи словообразовательных средств: суффиксов превосходной степени прилагательных (*the costliest insured natural disaster in the world, the* stron*gest* hurricane, one of the deadli*est* storm seasons in the southern United States, etc.).

В номинации субъекта события мужчины проявляют большую креативность. Так, например, журналисты обоих полов часто номинируют субъект события, используя оценочные прилагательные: *awesome* quake, *powerful* hurricane on record, *devastating* earthquake, *ferocious* super-typhoon, *catastrophic giant* earthquake etc. Male авторы иногда создают эмотивные номинации, используя варваризмы, незнакомая форма которых способствует эмоциональному воздействию на читателя, как, например, zalzala (пер. с урду «землетрясение»). Использование автором-мужчиной иностранного слова *zalzala* (пер. с урду землетрясение), фонетически незнакомого по звучанию, производит устрашающий эффект, способствуя эмоциональному воздействию на читателя.

Исследование показало, что male авторы склонны оценивать экономические, политические обстоятельства и последствия стихийного бедствия, употребляя прилагательные с негативной оценкой: *dire warnings; Oxfam has sent in five investigators, including a former police officer, to unravel the skein of apparent corruption that has led to losses in its Banda Aceh office; There have always been fears that some of the record £8 billion in foreign aid, including £300 million in donations from the British public, would be diverted away from genuine tsunami victims into the pockets of corrupt officials, or simply stolen by criminals* [5],[7].

Часто оценка выражается уже в заголовках, поэтому к названию статей предъявляются требования выразительности, броскости. Исследование материала показало, что, заголовки, написанные мужчинами-журналистами несут часто интригующий характер, привлекают образностью, неординарностью, что проявляется использованием стилистических приемов: метафоры (*Coastal town boards up and bales out, A town eaten alive by the earth, A symptom of lawlessness, Quake agony of those who wait,etc.*[5], [8], риторических вопросов (*What happened next?, Who cares?* и пр.), в то время, как заголовки, написанные женщиной ориентированы на четкое представление о теме статьи (*Tornado and storms kill 14 in Florida, Indonesia faces new mega-tsunami etc.*[6]. В ходе исследования нами было выявлено, что авторы-женщины часто прибегают к цитациям в заголовке, делегируя ответственность на других.

Учитывая всё вышеизложенное, мы пришли к выводу что мужская и женская эмоциональность по-разному представлена на разных уровнях языковой системы. Мужская эмоциональность проявляется в эмотивных номинациях стихийного бедствия и его политических и экономических последствий для нации, в то время как женская – кроется во врожденном умении сопереживать, проявлять эмпатию к участникам события, замечать и расшифровывать невербальные сигналы их психо-физического и эмоционального состояния.

Литература

1. Харченко В.К. Разграничение оценочности, образности и эмоциональности в семантике слова. – РЯШ, 1976, № 3. с. 66-70В.П.
2. Шейнов. Женщина плюс Мужчина. Познать и покорить. - М.: Харвест, 2006. 1008 с.
3. CALD – Cambridge advanced learner dictionary // 2nd Ediiton, Cambridge University Press, 2005.
4. LDCE – Longman Dictionary of contemprorary English // Third edition, Great Britain, 1995.
5. The Guardian, September 1, 2005 - January 10, 2006
6. The Independent, September 1, 2005 - January 10, 2006.
7. The Observer, September 1, 2005 - January 10, 2006.
8. The Times, September 1, 2005 - January 10, 2006.

Рябова М. В.
кандидат филологических наук, Благовещенский государственный педагогический университет

ОБРАЗ БОГА В РАННЕМ ТВОРЧЕСТВЕ Р.М. РИЛЬКЕ

Тема, связанная с феноменом Бога, была и остаётся актуальной в творчестве многих писателей и поэтов.

В немецкоязычной художественной литературе она наиболее ярко представлена в творчестве австрийского и чешского поэта-символиста Райнера Марии Рильке. Как и другие символисты, Рильке являлся новатором поэтической литературы, который внес новые, выразительные краски и образы в поэтическую действительность. Различая два вида мира: мир вещей и мир идей, он превращал символ в знак, который соединяет эти два мира. Всё творчество Рильке – это целеустремленный поиск нового понимания Бога, который нашёл свое отражение в особой лексике [1, 166].

Целью проведённого исследования являлся анализ стилистических средств выражения образа Бога в ранней лирике Райнера Марии Рильке. Исследование осуществлялось на материале сборников его стихотворений «Larenopfer» (1895) и «Die Frühen Gedichte» (1899). Данные сборники относятся к начальному этапу его творчества, и именно они демонстрируют, как зарождался и формировался этот образ.

Для анализа были выбраны стихотворения «Land und Volk» («Страна и народ»), «Königslied» («Королевская песня»), «Ich fürchte mich so vor der Menschen Wort» («Я так боюсь людского слова»). Общим для этих произведений служит то, что поэт обозначает Бога существительным «Gott» (Бог) и местоимением «er» (он). Это может указывать на его некую отдаленность от Бога, а также на то, что он пока еще не ассоциирует Бога с собой.

В стихотворении «Land und Volk» [2] Бог неотделим от народа и его страны, а именно от Богемии, Чехии («Böhmen»). Бог пребывает в хорошем настроении («guter Laune»), он улыбается («lächelt»), будучи щедрым («geizen ist doch wohl nicht seine Art»). Для усиления данной мысли используются эпитет «богатый» («reich»), гипербола «тысяча прелестей» («tausend Reizen») и олицетворение, когда описывается символ изобилия – дерево, на которое «толпясь, давят плоды»:

Und der Baum, den dichtgeschart
Früchte drücken, fordert Spreizen.

Неоднократно встречается глагол «давать» («geben»), подчеркивающий щедрость Бога, который дает народу многое – силы, пшеницу и т.д.

В стихотворении «Königslied» [2] Рильке образно называет свое сердце забытой часовней («vergessene Kapelle»). Это подтверждает последняя строка: «Doch längst schon geht kein Beter mehr vorbei» («Но уже давно никто не заходит для молитвы»). Окна в часовне разбиты, её вид говорит о полном запустении, что связано с давним господством урагана и ветра. Но поэт не сердится на них, считая каждого из них озорным приятелем («der übermütige Geselle»):

Der Sturm, der übermütige Geselle,
brach längst die kleinen Fenster schon entzwei...

Резкий тоскливый звук колокола призывает Бога, который остается далеким («fern»), очень удивлённым («arg erstaunt») и уже давно отвыкшим («längst entwöhnt») от того, что в таком заброшенном месте кто-то еще нуждается в нем:

Der schrillen Glocke zager Sehnsuchtschrei
ruft zu der längst entwöhnten Opferstelle
den arg erstaunten fernen Gott herbei.

Для создания особенного контраста и усиления эффекта используются окказиональный композит «Sehnsuchtschrei» («вопль тоски»), архаический порядок слов, так как словосочетание «der schrillen Glocke» стоит перед «zager Sehnsuchtschrei», и оксюморон, поскольку колокол звучит «пронзительно», а вопль тоски – «робко».

В дальнейшем развитии сюжета ураган и ветер выступают в качестве двух противоборствующих стихий по отношению к Богу: если ураган «zerrt dort an der Ministrantenschelle» («дергает за колокол»), чтобы призвать Бога, то ветер мешает этому – смеется, запрыгивает в окно, хватает звуковую волну и разбивает ее о пол:

Da lacht der Wind und hüpft durchs Fenster frei.
Doch der Erzürnte packt des Klages Welle
und schmettert an den Fliesen sie entzwei.

Для того чтобы заострить внимание на слове «Klage» («жалоба»), которое характеризует манеру обращения урагана к Богу, поэт вновь использует архаический порядок слов, употребляя его перед словом «Welle».

Описанные в стихотворении противоречия могут свидетельствовать о том, что в этот период у Рильке уже зарождалась внутренняя борьба с самим собой и начинались бурные искания Бога.

В стихотворении «Ich fürchte mich so vor der Menschen Wort» [2] поэт открыто протестует против людей, которые, как им кажется, все всегда знают точно и категорично высказывают своё суждение («sprechen alles so deutlich aus»). Чтобы выразить свое отрицательное отношение к подобным людям, он использует очень распространённую антитезу «Beginn und Ende» («начало и конец»), а также формирует ироничную окказиональную антитезу «Hund und Haus» («собака и дом»):

Sie sprechen alles so deutlich aus:
Und dieses heißt Hund und jenes heißt Haus,

und hier ist Beginn und das Ende ist dort.

В этой же строфе встречается полисиндетон – многократное повторение союза «und» («и»), которое служит для нагнетания эмоций. Тем самым делается особый акцент на этой сюжетной линии, которая получает развитие в дальнейшем.

Для этого в следующих строках вновь используются антитеза «was wird und was war» («что будет и что было») и гипербола «kein Berg ist ihnen mehr wunderbar» («ни одна гора их больше не удивляет»):

Sie wissen alles, was wird und was war;
kein Berg ist ihnen mehr wunderbar...

Далее появляется слово «Spott» («насмешка, издевательство»). Рифмуя в одной строфе слова «Spott» и «Gott», Рильке намекает, что такое поведение людей недопустимо, так как они пытаются смеяться над Богом и тем самым заходят слишком далеко: «ihr Garten und Gut grenzt grade an Gott» («их сад и имущество граничат прямо с Богом»). В этом ему вновь помогает гипербола, служащая для выражения иронии.

В завершении стихотворения поэт дает им совет, обращаясь с предупреждением: «Ich will immer warnen und wehren: Bleibt fern.» («Я всегда буду предостерегать и препятствовать: Не приближайтесь.»).

Таким образом, для раннего творчества Р.М. Рильке характерно так называемое «дистанционное» восприятие Бога. Поэт стремится познать Бога, который пока еще далек от него, но уже принимает его за образец и осуждает тех, кто считает себя равным ему.

Литература

1. Рябова М.В. Окказионализмы в поэзии Р.М. Рильке / М.В. Рябова // Eurasia Science. Сборник статей международной научно-практической конференции. Москва, 19 июня 2015 г. – Москва-Пенза: «Научно-издательский центр «Актуальность. РФ»», 2015. – С. 166-167.
2. Die Gedichte von Rainer Maria Rilke [Электронный ресурс]. – URL: http://rainer-maria-rilke.de/ (дата обращения: 05.06.2016).

Авдонина Л.П.
ФГБОУ ВО « Сибирский государственный индустриальный университет»,
г. Новокузнецк, Россия
Avdonina-LP@yandex.ru

СОВРЕМЕННЫЕ КОНЦЕПЦИИ ПЕРЕВОДА

Перевод – очень древний вид человеческой деятельности, который осуществлял важнейшую социальную функцию, делая возможным межъязыковое общение людей. С тех пор перед переводчиком всегда стоят две задачи: правильно передать содержание переводимого текста; полно и точно передать это содержание средствами родного языка.

После Второй мировой войны резко возрос спрос на переводчиков, и переводческая деятельность приобрела статус профессии. В теории перевода наступил лингвистический период, когда в центре внимания теоретиков и практиков перевода оказались языковые системы, их сходства и различия.

Традиционный лингвистический подход к переводу концентрируются вокруг возможности *адекватного перевода* с одного языка на другой. Нигилисты, согласно их «идее непереводимости», считают, что перевод лишь слабая копия, бледное отражение оригинала и что переводчики – предатели (В.Гумбольдт, У.Квайн, Г.Лейбниц, Б.Уорф, А.Шлегель). «Практика перевода может пользоваться услугами многих наук, но собственной науки иметь не может» (А.А.Реформатский). Другие полагают, что любой развитый национальный язык является вполне достаточным средством для полноценной передачи мыслей, выраженных на другом языке (С.Вейсман, Г.Дармштадтер, Р.Пернес, И.И.Ревзин, В.Ю.Розенцвейг). В целом *эквивалентность* можно понимать как сохранение относительного равенства содержательной, смысловой, семантической, стилистической и функционально – коммуникативной информации, содержащейся в оригинале и в переводе ((Л.С.Бархударов, Е.В.Бреус, В.С.Виноградов, В.Г.Гак, Г.Йегер, О.Каде, Дж. Кэтфорд, В.Н.Комиссаров, Ю.Найда, Ю.Я.И.Рецкер, А.Д.Швейцер и др.).

Исследователи вопроса полагают, что эквивалентность не представляет собой формальное тождество (А.Эттингер, У.Уинтер, Р.Якобсон, Дж.Кэтфорд, Ю.Найда, Ч.Табер). Это передача смысла высказывания, вследствие которой производятся грамматические и лексические адаптации, учитываются внеязыковые аспекты перевода, обеспечивается межъязыковая коммуникация. Однако существует и безэквивалентная лексика, которая осложняет идею эквивалентности (слова – реалии типа drive – in «возможность совершать операции, не выходя из автомобиля», временно безэквивалентные единицы типа minority shareholds «миноритарные акционеры», случайные безэквивалентные единицы типа day and night «сутки». Нет эквивалентов и для неологизмов: be – in «дружеская встреча», bag «новое увлечение», bread «деньги» (примеры В.Н.Крупнова), а также у большинства фразовых глаголов.

Тем не менее, со временем были сформированы требования к переводу в русле лингвистического подхода, помогающие освободиться от буквализма при переводе: 1) избегать переводизмов, т.е. формальной близости, несовместимой со смысловой точностью и передачей эмоционального воздействия текста; 2) сочетать «естественность» (т.е. учитывать нормы языка - рецептора) с близостью к подлиннику; 3) обеспечивать приоритет содержания над формой; 4) передавать стиль оригинала. Эти факторы обеспечивают качество перевода при помощи оптимального соотношения общего – частного, т.е. уровня слов, словосочетаний и уровня предложения (Дж.А.Миллер, Дж. Г. Биб – Сентер, Юдж. Найда). По мнению В. Вильса, лингвосемиотический подход к тексту должен исходить из известной формулы: Who says what in which channel and with what effect?

Перевод – своеобразная речевая деятельность, итог которой - создание текста, заменяющего оригинал, т.е. вторичного текста. Т.Н.Василенко, Н.Д.Голев, Г.В.Кукуева, Л.Н.Мурзин и др. полагают, что переводной текст возможно изучать как результат деривационно – мотивационных отношений, где в качестве производящего (первичного) выступает оригинальный, а в качестве производного (вторичного) – переведенный текст. Естественно, что абсолютная тождественность переводного текста недостижима, но это не препятствует осуществлению межъязыковой коммуникации. «Оригинал следует понимать как систему, а не сумму элементов» (З. Клеменсевич). Переводчик создает новое произведение на своем родном языке на базе своих знаний, опыта, наблюдений, однако его работа идет в строго определенных рамках. «Вдохновение переводчика только тогда плодотворно, когда оно не отрывается от подлинника» (К.Чуковский).

Сторонники лингвистического подхода к переводу полагали, что их концепция может охватить все типы текстов. Однако со временем переводчики осознали необходимость выхода за рамки сопоставительных практик и обращения к данным смежных наук.

Согласно концепции «функционального подобия» (В.Матезиус) переводчик сначала изучает информационную функцию языковых элементов текста подлинника и устанавливает, какие языковые средства способны выполнить ту же функцию в переводе.

Психологический подход к переводу ориентирует на анализ психологии выбора переводчиком переводческих решений, а выбор переводческого решения зависит от личности переводчика, что утверждал

В.Вильс. Перевод при таком подходе – это проблемная ситуация, которую переводчик должен решить.

П.Ньюмарк отрицает «транслатологию», т.е. традиционный подход к переводу. Он упрекает этот подход за банальности, тяжелый стиль изложения, излишнюю абстрактность. Надо переводить свободно, без буквализма. Перевод должен учитывать этику, реальность, логику, собственно язык и эстетику. Исследователь имеет очень тонкое чувство языка и предлагает переводить классику заново примерно каждые 30 лет, т.к. язык постепенно меняется. В английском, например, четко проявляется тенденция к «односложности» (расширение использования фразовых глаголов, появление у слова новых значений и т.п.).

Развивая идеи Юдж. Найды о принципе функциональной (динамической) эквивалентности, И.С.Алексеева создала следующее представление о развитии переводческой науки: 1) статистическая парадигма – ориентация на язык как систему и восприятие перевода как перевода языков в разных ипостасях (Л.Вайсбергер, Л.Вежбицка, Н.Винер, В.Гумбольдт, Дж.Кетфорд, Ж.Мунен, У.Уивер, Ф.Шлеермахер); 2) динамическая парадигма – ориентация на текст как речевую реализацию языка (В.Беньямин, А.Лефевр, Юдж. Найда, Г.Тури, Р.Штольце); 3) деятельностная парадигма – ориентация на переводческую деятельность (С.Калина, Л.К.Латышев, К.Райе, С.Тер – Минасова, Х.Фермеер, .Ю.Хольц – Мянттяри, Р.В.Юмпельт). И.С.Алексеева делает вывод, что развитие теории перевода к настоящему времени укладывается в названные парадигмы и опирается на лингвистику текста.

Основной моральный постулат перевода, по Ньюмарку: «Переводчик не обязан переводить утверждение, которое он считает аморальным или содержит фактическую ложь, только если он специально на это не укажет».

В любом случае в своей практической деятельности переводчик применяет и лингвистическую концепцию, и реалистическую, т.к. процесс перевода – это явление каждый раз уникальное и комплексное.

Литература

1. Авдонина Л., Савостьянова Л. Теория и практика перевода. – Астана: Фолиант, 2015. – 144 с.
2. Алексеева И.С. Введение в переводоведение. – СПб.: Филологический факультет СПбГУ; М.: Академия, 2004. – 352 с.
3. Крупнов В.Н. Практикум по переводу с английского языка на русский. – М.: Высшая школа, 2006. – 279 с.
4. Рябцева Н.К. Прикладные проблемы переводоведения: Лингвистический аспект. – М.:ФЛИНТА; НАУКА, 2016. – 224 с.

Darenskaia I.E.
University Student, Chekhov Taganrog Institute
(Rostov State University of Economics)
irisha-dar@mail.ru
Dodonova N.E.
Candidate of Philological Sciences, Associate Professor, Chekhov Taganrog Institute (Rostov State University of Economics)
dodonova-25@yandex.ru

PROPER NAME ALLUSIONS IN CROSS-CULTURAL FICTION TEXT SPACE

Proper name allusions represent one of the key text-building semantic components of any literary work where they happen to occur. Being not only literary elements but means of allusion and creativity, namely fiction proper names display the depth of the author's intention, his conception and message. Thus, proper names build up a unique semantic-philosophical structure of a literary text, which is to be properly analyzed before its transmission into another culture.

Fiction proper names allusions can be expressed by means of "speaking" proper names (operating the term by Viktor Vl. Vinogradov, an outstanding linguist scholar [1,224]). Names of the sort, precedent or not, are aimed at culture-relevant implications, that is referring to various types of cultural-source phenomena, such as mythology, historic and historical events, characters and personalities, text and situations familiar (or even well-known) to source - text readers. To grasp the author's allusion, a foreign reader, or at least translator, should be conversant with culture-specific concepts of the source-text country.

What is to be undertaken to transmit an allusive proper name into a foreign culture? By way of example, let us take novels by one of the most significant contemporary writers Sir Terry Pratchett, the author of cult "Disc World". Having been translated into 37 languages, how are his characters and ideas being preserved? Our study exemplifies some steps of comparative transmission of proper names allusions from Terry Pratchett's works into Russian, backed up by the three variants of translation into Russian made by Grant Borodin, Ole Yansen and Nikolai Berdennikov.

In Pratchett texts there are various examples of allusive proper names, witty and deep, philosophical, antonomasia-like. Such thought-provoking examples of proper names as Miss Eulalie Butts, Glod Glodsson, Death, etc. can't but draw our attention. In the study we in depth consider the name of one of the main heroes "Imp y Cellyn".

In the Disc World "imp" means "elf" in the first place. Imp y Celyn is a young musician. Drummer from Imp's band says: «Imp sounds a bit like elf to me». In this world elf is an evil creature from parallel universe. We can assume that Imp y Celyn is shy and quiet in his daily living, but when he is found to be on a stage, he is full of "elfment". As for the final component of the name, «Celyn» is a phonographic transcription of a well-known Canadian singer, Celine Dion. This interpretation gives rise to the translation created by Nikolay Berdennikov who chose the Russian variant «*Дион Селин*» as the character name.

Some complexity of the translation might also arise from the character's pseudonym "Buddy", which is connected with his name semantically. The Annotation to the novel runs that Imp y Celyn (*welsh:* "Y Gelynen") translated into English from Welsh means "bud of the holly"». The very moment when Imp y Celyn gets his pseudonym from his friends is clearly fixed and explained in the novel itself: «Well, all my family are y Celyns,» said Imp, ignoring the insult to an ancient tongue. «It means "of the holllly". That's allll that grows in Llamedos, you see. Everything else just rots.» - «I wasn't goin' to say», said Cliff, «but Imp sounds a bit like elf to me». - «It just means «small shoot», said Imp. «You know. Like a bud». - «Bud y Celyn?» said Glod. «Buddy?» [4]. Here the author resorts to such graphical mean as graphon, namely its subtype of multiplication, for the allusion emphasis. The speech of the character is a linguistic proof that it's a welsh transliteration. This interpretation is supported by the fact that double "l" is typical of the Welsh language [2]. The phrase "bud of the holly" is relevant by itself because it «is a clear reference to Buddy Holly, legendary rock and roll pioneer who also enjoyed success only briefly before dying in an airplane crash» [5]. Indeed, Buddy Holly is a stage name of one little-known American singer, a pioneer in rock-and-roll, Charles Hardin Holley (1936-1959). Unfortunately, he died in a plane crash in a couple of years from his pinnacle of fame. The fact remains that Imp y Celyn's fate is similar to Buddy Holly's fate. It is not directly mentioned in the novel what genre of music Imp y Celyn's band belongs to. But according to various references, the verb "rock" and its derivatives, we can assume that the genre of music of Imp y Celyn's band is an allegory to rock music in general. So, the young guitar player also becomes a rock-and-roll pioneer. In the long run, the fate of Imp y Celyn should have ended deplorable similar to Buddy Holly's fate.

Taking into consideration the above, it is safe to say that the main motivation in this fiction proper name origin and, consequently, in its transmission into another culture, is an allusive reference to Buddy Holly. It is easy to prove, as we have phonetic, graphic connection with the character and more than that – narrative connection. But in other countries practically no one has heard of such a significant personality in rock-and-roll history as Buddy Holly. Abroad, Elvis Presley may be known and considered to be "a king of rock-and-roll". But for the clear reference to the American singer, there is an allusion to Wales, as it has been already mentioned: the speech of the main character, his name as well as the Eisteddfod Festival that really takes place in Wales ("The National Eisteddfod of Wales" [7]).

It is important to regard another relevant hint, that is a phonological component of the name, namely the pronunciation of the letter "y". According to E. Parina [3], welsh "y" is pronounced as [ə] in nonfinal syllables as well as in monosyllabic words, e.g. "fy" (*eng.* "my"), but in other positions it is pronounced as [ɨ] or [i] depending on a dialect.

Consequently, for the most appropriate Russian equivalent it is relevant to find out the way of the authentic pronunciation of the name. For this purpose we used site Forvo [6] that contains pronunciation audio files recorded by native speakers. It is hard to draw the definite conclusion by the virtue of the fact that every native speaker pronounces "y" in different ways as the position is unstressed. In "Dinas y Faican" it is [a], in "Bendith y Mamau" and "Tal-y-Cafn" it is clear [ə], and in BSŵn y Môr it sounds [o]. It has been concluded that Welshman would pronounce protagonist's name like [imp ə 'kelin], as there are much more variants with sound [ə]. But graphically this sound would be better transmitted into Russian by the Russian letter "а": "*Имп-а-Кёлин*".

Ole Yansen and Grant Borodin transcribe the character's name in different ways. Yansen captured the connection with Wales and transcribes the name properly "*Имп И'Келин*" (the variant with the Russian letter "*И*" is also possible). Borodin resorted to the English transcription and used this as the means of translation into Russian "*Имп-и-Селлайн*", thus evidently losing the author's motivations. Berdennikov's variant would have been appropriate, had not Terry Pratchett made so strong allusion to Buddy Holly. Therefore, we can assume that Yansen's variant is preferable, though he concentrated only on one of the references, namely an allusion to Wales.

But there is another variant of this allusive proper name translation. If Terry Pratchett's conception was to show the connection of the main character and Buddy Holly, we would *welshicize* the singer's name to keep the original stress accentuation and strengthen the allusion, thus getting "*Баддин-а-Холлин*". Then it would be easier for a Russian reader to understand the protagonist's pseudonym "Buddy", connecting it with the main name, as all the translators transcribed it in translation as "*Бадди*".

Obviously, to transfer properly this fiction name into another culture, most of the semantic motivations should be observed: 1) the meaning of "Imp" in Disc World; 2) semantic connection of the name and the pseudonym of the character; 3) the general meaning of the phrase "ImpyCelyn"; 4) the meaning of pseudonym "Buddy"; 5) allusion to rock musician Buddy Holly, 6) allusion to Wales, its culture and language. No doubt, for a proper cross-cultural transmission of a fiction text it is relevant to pay attention to all the expressive and allusive elements, particularly to onims, allusive proper names in this case, representing not only significant character-building means but saving the semantic-philosophical idea of a fiction work of art.

LITERATURE

1. Vinogradov, Vladimir V. *Introduction to the Theory of Translation.* Moscow: Institute of general secondary education press, 2001.
2. Brokgauz, F.A., Efron, I.A. *Brokgauz and Efron Encyclopedia.* St. Petersburg: St. Petersburg press. 1890—1907.
3. Parina, E. *The Walsh language: Reading rules,* 2001
ES: http://www.cymraeg.ru/rheolau.html/
4. Pratcett, T. Soul Music: *A Novel of Discworld.* Paperback, 1995.
5. Discworld Wiki.
ES: http://www.discworld.wikia.com/wiki/Discworld_characters
6. Forvo. ES: http://www.Forvo.com
7. The National Eisteddfod of Wales.
ES: http://www.eisteddfod.org.uk/english/

Анисимова Т.В.
докт. филол. наук, профессор,
Волгоградский государственный университет

СПЕЦИФИКА ПРЕДСТАВЛЕНИЯ СОДЕРЖАНИЯ КНИГИ В РЕКЛАМНОМ ТЕКСТЕ

Основным (и практически единственным) жанром активного рекламирования каждой книги, в настоящее время является издательская аннотация, с помощью которой на сознательном уровне у потребителя формируется желание ее купить. Это приводит к появлению у аннотаций системы аргументов, свойственных рекламе. Однако эта система весьма своеобразна, что обусловлено спецификой книги как товара [1].

Основным аргументом, возбуждающим интерес к книге, становится презентация ее содержания [3, с. 178], причем во многих случаях вся рекламная аргументация и сводится к этому компоненту. При этом традиционная форма рационального представления содержания в настоящее время осталась только в аннотациях к учебным и научным произведениям: *В руководстве приведены краткие анатомические сведения. Изложены способы рассечения и соединения тканей, сведения о шовных материалах, особенностях их применения и вязания узлов. Подробно освещены правила ассистирования во время хирургических операций. Приведены описания как классических хирургических вмешательств, так и современных микрохирургических, эндовидеохирургических, мини-лапаротомических способов и т.д. Рассматриваются возможные ошибки и опасности.*

В рекламе художественной литературы среди способов презентации сюжета книги, можно выделить два основных, причем выбор той или иной формы зависит от характера рекламируемого произведения. Как известно, В. Г. Белинский все произведения разделял на классические (высоко художественные) и беллетристические (массовые), причем назначение последних, по его мнению, состоит в том, чтобы служить своеобразным посредником между классическим искусством и народом [2].

Для представления серьезных (классических, по В. Г. Белинскому) произведений используется форма литературной рецензии: *«Осень Средневековья» — яркая и насыщенная энциклопедия европейской культуры в ее блистательнейшую эпоху. Обращаясь к цитатам, книга погружает нас в необъятный археологический материал культуры. Это образчики франкоязычной литературы пышного, утомленного накопленной роскошью XV столетия, стихи, отрывки из бургундских хроник и мемуаров. Цитаты из Писания, латинских религиозных трактатов, творений нидерландских мистиков. Отрывки из сочинений ученых, писателей, историков, философов XVIII и XIX вв. Цитаты в подлиннике, в переводе автора на нидерландский язык, в изложении, пересказе или — аллюзии, помеченные ссылками на источник.* Эта бесконечно притягательная в своем многообразии словесная ткань, как живая, пульсирует в многомерной структуре книги. Цитаты вовлекают читателя в причудливое путешествие во времени и пространстве. Воссоздавая время, текст приобретает свойство обращенности к вечности. В отличие от традиционной аннотации, здесь содержится не информация о содержании, построении и назначении произведения, а (как положено в рецензии) его краткий анализ и характеристика. Автор этого текста имеет цель сформировать у читателя эстетическое представление о действительности, объяснить суть творческого процесса, содействовать выработке самостоятельного мнения самим читателем. Таким образом, автор рекламного текста берет на себя право оценивать литературное произведение, т. е. выступает в роли критика, что должно повысить доверие к его положительным оценкам произведения.

Презентация произведений беллетристики построена на акцентировании занимательности сюжета, причем с этой целью используются две жанровые формы. Первая – это эмоциональный пересказ содержания, с помощью которого читатель получает намек на главную сюжетную линию: *Роман «Плененная Иудея» переносит читателя в первый век нашей эры. Время отчаянной и безнадёжной борьбы за независимость народа Иудеи с грозным Римом. И на фоне этой борьбы разворачивается история любви двух мужчин к одной женщине. Они никогда не должны были встретиться, их пути не могли пересечься, они из разных миров. Но они встретились. И встреча их была трагична.*

Вторая – так называемая сюжетная аннотация, в которой содержание предъявляется от имени главного героя. В таких текстах полностью отсутствуют традиционные информационные элементы, обязательные для аннотации, вследствие чего она полностью предназначена для воздействия только на эмоциональную сферу. Иногда такие тексты строятся в форме прямой речи персонажа: *Я, Савва Кобчик, студент Тимирязевской академии, когда я попал в этот мир, то мне просто надо было выжить. И я отдался на волю течения жизни…* Однако гораздо чаще они имеют форму несобственно-прямой речи, когда в тексте отсутствуют маркеры прямой речи, однако воспроизводятся стилистические, лексические и грамматические элементы, присущие речи говорящего: в рамках несобственно-прямой речи автор говорит или думает за персонажа: *Никогда не соглашайтесь на проведение сомнительных ритуалов в Бездне! Никогда! Особенно, если его задумал властитель миров Хаоса, причем в компании крылатого демона, наследника Ада и вашего любимого темного лорда. Вдруг именно в Бездне выяснится, кто является истинным наследником крови и на кого на самом деле ведется давняя беспощадная охота? И тогда вам не останется ничего иного, кроме как лгать в глаза* самому могущественному демону всех миров и пытаться найти ту, которая столетиями, скрываясь под масками, копила обиду и ненависть и готовилась отомстить.

Дополнительно к этому в рекламе научно-популярной литературы используются аргументы утилитарного характера. С их помощью доказывается практическая польза от прочтения предлагаемой книги:

- в рекламном тексте подчеркивается эксклюзивность предлагаемого материала: *Это не книга - это революция! Опровержение всех диет вместе и по отдельности! Развенчание на вашем собственном опыте всех рекламных мифов. Абсолютно новый подход к проблеме ожирения - и 100% успех!;*

- содержание книги позиционируется как способное помочь в решении некоторой насущной проблемы адресата: *Посмотрите на свои рекламные листовки. Проверьте объявления в прессе. Перечитайте статьи на сайте. На какие эмоциональные кнопки клиентов вы нажимаете? Если таковые отсутствуют, если ваша реклама эмоционально «заморожена», то эта книга принесет вам немалую пользу. На сотнях примеров (из практики b2c- и b2b-рынков) автор разбирает семь наиболее мощных эмоциональных пружин, которые побуждают человека к действиям. Это зависть, любопытство, страх, любовь, жадность, тщеславие и чувство вины;*

- дается гарантия достижения результата: *Итак, займемся модой! После завершения работы над этой книгой ты станешь настоящим дизайнером собственного бренда со своим уникальным стилем.*

Таким образом, анализ специфики предъявления содержания книги в рекламном тексте подтверждает, что современная аннотация превратилась в рекламу, приобрела персуазивную функцию. Информация здесь ценна не сама по себе, а только как средство побуждения к совершению покупки, аргумент, доказывающий полезность, интересность, выгодность рекламного предложения.

Литература

1. Анисимова, Т. В. Специфика ценностной составляющей рекламы книги // Текст. Язык. Человек: Неделя русской филологии в Мозырском государственном педагогическом университете им. И.П. Шамякина: сб. научных трудов в 2-х ч. – Мозырь: УО МГПУ, 2011. – Ч. 1. – С. 127-129.

2. Белинский, В. Г. Опыт истории русской литературы // Белинский В. Г. Собр. соч.: В 9 т. – М., 1981. – Т. 7. – С. 324–365.

3. Воронина К.А., Розенфельд М.Я. Черты рекламы в аннотациях к художественно-литературным, научно-популярным и научным изданиям: сопоставительный аспект // Сопоставительные исследования 2016. – Воронеж: Истоки, 2016. – С. 177-181

Сипкина Н.Я.
кфилн., Хакасский государственный университет им. Н. Ф. Катанова
sipkinqa.nina@yandex.ru

ПОЭТИЧЕСКАЯ СКАЗКА «МОНОЛОГ ЦАРЯ ЗВЕРЕЙ» Р. И. РОЖДЕСТВЕНСКОГО: МОТИВ «АНТИРАЗУМНОСТИ» ЧЕЛОВЕЧЕСКОГО СООБЩЕСТВА

«История литературы содержит много указаний на то, что именно для поэзии современные общественно-политические коллизии оказываются столь же важным источником «образов идей», «образов образов», как, например, любовь или дружба. По существу, это такой же «вечный» источник прообразов, который в определённые эпохи вдобавок резко усиливает своё значение» [1,345]. Данное высказывание характерно и для эпохи «холодной» войны, ожесточённое противостояние двух общественных мировых формаций 1960-1970-х гг. В исследуемой «драматической» ситуации, именно художественные произведения сыграли важнейшую роль в борьбе с глобальным вооружением, экологическими проблемами. Мировой разрядке служила и поэзия Р. Рождественского, Е. Евтушенко, А. Вознесенского, В. Высоцкого и др., которые на международных симпозиумах, творческих выступлениях в разных странах мира пытались своей поэзией донести «самоочевидное», прекрасно высказанное ещё вначале 1940-х гг. французским писателем А. Экзюпери в философской сказке-притче «Маленький принц»: «*— Есть такое твердое правило, – сказал мне позднее Маленький принц. – Встал поутру, умылся, привел себя в порядок – и сразу же приведи в порядок свою планету. Непременно надо каждый день выпалывать баобабы, как только их уже можно отличить от розовых кустов: молодые ростки у них почти одинаковые. Это очень скучная работа, но совсем не трудная*» [2, 93-94].

В сказке **«Монолог царя зверей»** [3, 552-554] Р. Рождественского поднимается ещё одна глобальная проблема планеты Земля – грозящая, как и атомная угроза, уничтожению всего сущего – экологическая катастрофа. В сказке от «лица» льва звучит обвинение всему человечеству.

«Современная действительность представляется глазами художника разбросом фактов, связи между которыми он волен устанавливать сам, ассоциируя, делая догадки о скрытом и неизвестном...» [1, 344]: «*В катакомбах музея / пылится пастушья свирель, / бивень мамонта, / зуб кашалота / и прочие цацки...*» [3, 552-554].

«Создавая «образ идей» современности, поэзия наиболее разнообразно использует средства эмблематики, аллегории, иронии...» [1, 344]. В «Монологе царя зверей» поэтом представляется, что мог бы сказать «последний лев» на Земле. С образом льва нами ассоциируется образ самого автора, его нестерпимый душевный «крик» о помощи: «*Человек! / Ты послушай Царя / терпеливых зверей. / И прости, что слова мои / будут звучать не по-царски. / Я — / последний из львов*» [3, 552-554].

С реалистичной точностью Рождественским описывается «глупая» человеческая деятельность, «рубящая сук, на которой сидит»: «*Но пускай за меня говорят — / **лань / в объятиях капкана, / ползучего смога / громадность**. / И **дельфинья семья**, за которой неделю подряд с **вертолёта охотился ты**. / Чтоб развеяться малость. / Пусть тебе повстречается **голубь, / хлебнувший отрав, / муравейник сожжённый, / разрытые норы барсучьи, /оглушённая семга, / дрожащий от страха жираф, / и подстреленный лебедь, / и чайки — / по горло в мазуте***» [3, 552-554].

Ответы Р. И. Рождественского на анкету «Кто вы, Рождественский», опубликованную в Каннах в 1968 году, доказывают остроумие и весёлый «нрав» поэта-шестидесятника: «— *Можете ли Вы в короткой формуле дать определении себе как человеку?* / — Не могу. Обычно человек даёт себе определение в собственном завещании. / — *Дайте нам Ваше определение поэзии.* / — Если бы я его знал, то не писал бы стихов. / — *Встречаетесь ли Вы с актёрами и актрисами? Кто Ваши фавориты?*/ — Среди актёров у меня много друзей. Среди актрис?.. Видите ли, я приехал в Канны с женой… / — *Вам нравится какое-нибудь блюдо из французской кухни?* / — Эскарго. / — *Что в целом Вы думаете о французах?* / — Я привык думать отдельно о французах и о француженках. / — *Что, по-вашему, отличает русский юмор от французского?*/ — По-моему, француз в силу своего темперамента начинает смеяться над собственной шуткой на долю секунды раньше, чем это делает русский, когда острит он. / — *Существуют ли в России «идолы», за поступками и жестами которых жадно следит публика?*/ — «Идолы», в Вашем понимании, существуют. Но, по-моему, не публика следит за их жестами и поступками, а сами «идолы» ревностно следят за поступками и жестами друг друга. / — *Каких особенных удовольствий Вы ждёте от Канн?* / — А что, моря здесь уже нет? / — *Случалось ли Вам купаться в ледяной воде, как некоторым из Ваших соотечественников? (Б-р-р-р!)* / — Пока не случалось. Но мне, как поэту, случается купаться в ледяной воде критических рецензий (Б-р-р-р!) / — *Ответьте серьёзно, если можно: что Вы закажите на Ваш первый обед в Каннах?* / — Что ж это Вы? Просите ответить серьёзно, а меню не предлагаете! Дайте меню — отвечу» [4, 305-311].

В шуточно-серьёзных ответах Р. Рождественского мы видим нравственно-эстетические принципы, которые отражены в поэзии поэта и становятся отличительной чертой его индивидуального стиля изложения чувственных «порывов». Известно, что индивидуальный стиль «творит содержание из самого себя… и, видя окружающий мир, которому можно подражать, который можно и отрицать из подражания, но от которого невозможно отгородиться» [1, 346].

Р. Рождественский не мог не отразить человеческий «парадокс»: жить, вредя самому себе, словно, свой собственный дом захламить, убить самого себя и свои домочадцев. В «Монологе царя зверей» поэт устами «последнего Царя зверей» выносит приговор человеческому «антиразуму». В слоге звучит «специфическая» рождественская «трагическая» ирония, над «верхушкой» Природы – человеком, «ход» рассуждений, логика поэтического «повествования»: «*Ты – / бесспорно – вершина природы, / мой брат, человек. / Только, / где и когда ты встречал / без подножья / вершину? / Ты командуешь миром. / Пророчишь. / Стоишь у руля. / Ты – хозяин. / Мы спорить с тобой / не хотим и не можем. / Но без нас, – / ты представь! – разве будет землёю / земля? / Но без нас, – / ты пойми! – / разве море / останется морем? / Будут жить на бетонном безмолвии / одни слизняки. / Океан разольётся / огромной протухшею лужей! / Я тебя не пугаю, / Но очень уж сети / крепки. / И растёт скорострельность / твоих замечательных / ружей. / Всё твоё на планете!*» [3, 552-554].

И как «наставление» всему человечеству, забывшему «простейшие» истины: жить в гармонии с Природой, звучат слова героев из сказки «Маленький принц» А. Экзюпери: «*…– Прощай, – сказал Лис. – Вот мой секрет, он очень прост: зорко одно лишь сердце. Самого главного глазами не увидишь. / …– Твоя роза так дорога тебе потому, что ты отдавал ей всю душу. / – Люди забыли эту истину, – сказал Лис, – но ты не забывай: ты навсегда в ответе за всех, кого приручил. Ты в ответе за твою розу*» [2, 123].

В Поэтике индивидуального стиля Р. И. Рождественского «есть явление внутренней формы» то есть – сплав «формы» и «содержания». Творчество поэта «представляет собой образный синтез, «переплавку» в новое качество – единую внутреннюю форму – давно функционирующих в литературе и искусстве объектов. Благодаря ему наполняется общезначимым содержанием «единичное» и образуется текучее диалектическое взаимодействие индивидуально присущего данной личности со сферой внеиндивидуального, объективной реальностью» [1, 346-347]. Философские рассуждения «Царя зверей» наполнены «трагическим» пафосом. Поэт, обладая даром «предвидения», «образной» фантазии, умением «перевоплощения», чувствующий всеми «фибрами души» драматическую ситуацию, в «сумрачных» красках «предрекает» гибель наших «младших братьев», которые приносят своим существование лишь радость удивления и умиления: «*Так устроена жизнь. / Мы поладить с тобой не смогли. Нашу поступь неслышную тихие сумраки спрячут. / Мы уходим в историю / этой печальной земли. / Человечьи детёныши / вспомнят о нас. / И заплачут… / Мы – / пушистые глыбы тепла. / Мы – живое зверье*» [3, 552-554].

«Единственная вещь, которая никогда не кончается: время» [4, 275] и оно расставит всё по своим местам. «Наблюдение литературных фактов снова и снова убеждает – если воспользоваться, например яркими словами А. А. Блока, что творчество художника «9/10 может быть, принадлежит не ему, а среде, эпохе, ветру, но 1/10 – всё таки личности». Именно эта «десятая» осуществляет миметический синтез исходных идей и прообразов, в котором реализуется автора. Именно художественная индивидуальность творить внутреннюю форму произведения» [1, 351].

Финальные строки «Монолога царя зверей» наполнены «нестерпимым» отчаянием. В стиле реалистичном монологе-«сказке» используется авторский афоризм, пародируется известное стихотворение С. Есенина «Не жалею, не зову, не плачу», «озверевается» народная поговорка про судьбу: *Может, правда, что день ото дня / мир становится злее!../ Вот глядит на тебя / поредевшее царство моё. / Не мигая, глядит. / И почти ни о чём не жалея. / И совсем ничего не прося. / Ни за что ни коря. / Видно, в хоботы, ласты и когти судьба не даётся.../ Я / с седеющей гривы / срываю корону Царя! / И реву от бессилья... / А что мне ещё остаётся?»* [3, 552-554].

А. А. Веселовский утверждал: «Всякое искусство и поэзия в высшей степени, отражают жизнь. Всякое произведение искусства носит в себе печать своего времени, своего общества. Общество рождает поэта, а не поэт общество. Исторические условия дают содержание художественной деятельности: уединённое развитие немыслимо, по крайней мере, художественное» [5, 388].

Таким образом, Р. И. Рождественский, доказывая «антиразумную» человеческую деятельность в сказке-«аллегории» «Монолог царя зверей», сумел выразить актуальную проблему сохранения «живой» красоты, возможно, на единственной во Вселенной уникальной планете Земля.

Литература

1. Минералов Ю. И. Теория художественной словесности (поэтика и индивидуальность). М.: Гуманит. изд. центр ВЛАДОС, 1999.
2. Сент-Экзюпери А. Южный почтовый. Письмо заложнику. Маленький принц / Пер. с франц. М: «Бук Чембэр Интернэшил», 1991.
3. Рождественский Р. И. Собрание стихотворений, песен в одном томе. М.: Эксмо, 2014.
4. Рождественский Р. И. Удостоверение личности. М.: Эксмо, 2007.
5. Веселовский А. Н. Историческая поэтика / ред., вступ. ст. и примеч. В. М. Жирмунского. Изд. 3-е. М.: Издательство ЛКИ, 2008.

Язвинская Н.Н.
кандидат технических наук, доцент, ФГБОУ ВО Донской государственный технический университет, лаборатория электрохимической и водородной энергетики, dmitrigall@yandex.ru

Галушкин Д.Н.
доктор технических наук, доцент, ФГБОУ ВО Донской государственный технический университет, лаборатория электрохимической и водородной энергетики, dmitri_gl@mail.ru

Галушкина И.А.
кандидат технических наук, доцент, ФГАОУ ВО Южный федеральный университет

Пилипенко И.А.
студент, ФГБОУ ВО Донской государственный технический университет

АНАЛИЗ ГАЗА, ВЫДЕЛИВШЕГОСЯ ПРИ ТЕПЛОВОМ РАЗГОНЕ В ГЕРМЕТИЧНЫХ АККУМУЛЯТОРАХ

В работе изучается состав газовой смеси, выделяющейся в результате наступления нестационарного процесса теплового разгона из герметичных электрохимических аккумуляторов.

Тепловой разгон встречается в аккумуляторах практически всех электрохимических систем. Во всех аккумуляторах он происходит следующим образом. При перезаряде аккумуляторов при постоянном напряжении или при их работе в буферном режиме они могут внезапно сильно разогреваться, плавиться, гореть, дымиться или взрываться в зависимости от их конструкции, электрохимической системы, материала корпуса и т.д. [1].

Однако тепловой разгон довольно редкое явление. Техники, обслуживающие аккумуляторы, например, в аэропортах в течение десятилетий часто не сталкиваются с этим явлением или сталкиваются, как правило, не более одного – двух раз в жизни. Тем не менее аккумуляторы, в которых наблюдается тепловой разгон, в настоящее время устанавливаются во многие приборы как бытового, так и специального назначения: мобильные телефоны, компьютеры, самолеты, резервные источники коммуникационных сетей и т.д. Тепловой разгон в этих приборах и системах неминуемо приведет или к выходу их из строя или к трудностям в их работе. Таким образом, тепловой разгон является серьезным препятствием в работе очень большого числа современных приборов и систем.

Данная работа продолжает исследования теплового разгона в никель-кадмиевых аккумуляторах начатые в работах [2-15]. Цель этой работы изучить состав газа выделенного при тепловом разгоне из герметичных аккумуляторов.

В экспериментах использовались аккумуляторы НКГ-100СА, НКГ-50СА, НКГК-33СА. Заряд происходил при напряжении 2,2 В в течении 10 часов. Разряд согласно инструкции по эксплуатации данных аккумуляторов. Выполнено 800 рарядно-разрядных циплков для каждого типа аккумуляторов. Наблюдалось четыре случая теплового разгона, которые представлены в табл. 1.

Состав газовой смеси, выделившейся в результате теплового разгона, представлен в табл. 1.

Таблица 1.
Состав парогазовой смеси, выделившейся из герметичны никель-кадмиевых аккумуляторов в результате теплового разгона

Аккумуляторы		Количество газовой смеси выделившейся		Оставшийся газ, л
тип	номер	в результате теплового разгона, л	в виде пара, л	
НКГ-100СА	1	140	35	105
НКГ-50СА	1	80	20	60
	2	84	21	63
НКГК-33СА	1	59	19	40

Точность измерения объемов не ниже 5 %.

Общее количество газовой смеси определялось по первоначальному объему выделившегося газа. Затем накопитель газовой смеси охлаждался до комнатной температуры. Далее производилось повторное определение объема выделившегося газа. Разность этих объемов давала объем выделившегося пара. Таким образом, в результате теплового разгона происходит интенсивное, в течение 2-4 минут, выделение из аккумуляторов газа и пара. Температура выделившейся парогазовой смеси не ниже 300^0C.

Анализ состава газа, выделившегося из герметичных никель-кадмиевых аккумуляторов в процессе теплового разгона, выполнен с помощью объемно-оптического газоанализатора ООГ-2М.

Результаты анализа газовых смесей, полученных из различных аккумуляторов после теплового разгона, представлены в табл. 2.

Таблица 2
Состав газовой смеси выделившейся из герметичных никель-кадмиевых аккумуляторов в результате теплового разгона

Аккумуляторы		Концентрация		
тип	номер	водорода, %	кислорода, %	прочих газов, %
НКГ-100СА	1	96	3,3	0,7
НКГ-50СА	1	97	2,6	0,4
	2	95	4,4	0,6
НКГК-33СА	1	96,5	3,1	0,4

Абсолютная ошибка процентной концентрации газов в табл. 2 составляет 0,3-0,5%.

Данный прибор способен определять процентный состав газовой смеси, состоящей из углекислого газа, кислорода, оксид углерода, водорода и метана. Причем углекислый газ, кислород и оксид углерода определяется газо-объемным методом, а метан и водород - оптическим с помощью встроенного интерферометра.

Полученные результаты можно объяснить, только предположив, что водород уже присутствовал в электродах в какой-то форме еще до теплового разгона, а в результате этого процесса, возможно из-за высокой температуры, он выделился в больших количествах.

Литературные источники

1. Guo Y., in: J. Garche (Ed) Encyclopedia of Electrochemical Power Sources, V. 4, Elsevier, Amsterdam (2009) 241
2. Галушкин Н.Е., Кукоз В.Ф., Язвинская Н.Н., Галушкин Д.Н. Тепловой разгон в химических источниках тока Шахты: Изд-во ЮРГУЭС, 2010. 210с.
3. Галушкин Д.Н., Галушкин Н.Е., Язвинская Н.Н. Тепловой разгон в никель-кадмиевых аккумуляторах // Фундаментальные исследования. 2012. № 11-1. С. 116-119.
4. Галушкин Н.Е., Язвинская Н.Н., Галушкина И.А. Возможность теплового разгона в никель-кадмиевых аккумуляторах большой емкости с ламельными электродами // Известия высших учебных заведений. Северо-Кавказский регион. Серия: Технические науки. 2012. № 3. С. 89-92.
5. Галушкин Н.Е., Язвинская Н.Н., Галушкина И.А. Возможность теплового разгона в цилиндрических и дисковых никель-кадмиевых аккумуляторах // Химическая промышленность сегодня. 2012. № 7. С. 54-56.
6. Galushkin N.E., Yazvinskaya N.N., Galushkin D.N., Galushkina I.A. Thermal Runaway in Sealed Alkaline Batteries // International Journal of Electrochemical Science 2014. V. 9 P. 3022 - 3028.
7. Галушкин Н.Е., Язвинская Н.Н., Галушкин Д.Н. Исследование причин теплового разгона в герметичных никель-кадмиевых аккумуляторах // Электрохимическая энергетика. 2012. Т. 12. № 4. С. 208-211.
8. Галушкин Н.Е., Язвинская Н.Н., Галушкин Д.Н. Тепловой разгон в никель-кадмиевых аккумуляторах с металлокерамическими и прессованными электродами // Электрохимическая энергетика. 2012. Т. 12. № 1. С. 42-45.
9. Галушкин Н.Е., Язвинская Н.Н., Галушкин Д.Н. Тепловой разгон в никель-кадмиевых аккумуляторах // Известия высших учебных заведений. Северо-Кавказский регион. Серия: Технические науки. 2013. № 2 (171). С. 75-78.
10. Галушкин Н.Е., Язвинская Н.Н., Галушкина И.А. Тепловой разгон в щелочных аккумуляторах // Известия высших учебных заведений. Се-

веро-Кавказский регион. Серия: Технические науки . 2013. № 6 (175). С. 62-65.
11. Galushkin N.E., Yazvinskaya N.N., Galushkin D.N., Galushkina I.A. Causes analysis of thermal runaway in nickel-cadmium accumulators // Journal of The Electrochemical Society, 2014. V. 161. N 9. P. A1360-A1363.
12. Галушкин Н.Е., Язвинская Н.Н., Галушкин Д.Н., Галушкина И.А. Возможность теплового разгона в никель-кадмиевых аккумуляторах фирмы Saft // Известия высших учебных заведений. Северо-Кавказский регион. Серия: Технические науки. 2014. № 3 (178). С. 87-90.
13. Galushkin N.E., Yazvinskaya N.N., Galushkin D.N. The mechanism of thermal runaway in alkaline batteries // Journal of The Electrochemical Society, 2015. V. 162. № 4. P. A749-A753.
14. Галушкин Н.Е., Язвинская Н.Н., Галушкин Д.Н., Попов В.П. Исследование влияния напряжения заряда на вероятность возникновения теплового разгона в никель-кадмиевых аккумуляторах // Фундаментальные исследования. 2014. №11(6). С. 1225-1228.
15. Galushkin N.E., Yazvinskaya N.N., Galushkin D.N. Ni-Cd batteries as hydrogen storage units of high-capacity // ECS Electrochemistry Letters. 2013. V. 2. №1. P. A1-A2.

Работа выполнена в рамках гранта МК-4969.2016.8

Язвинская Н.Н.
кандидат технических наук, доцент, Донской государственный технический университет, лаборатория электрохимической и водородной энергетики, город Ростов-на-Дону, Россия
dmitrigall@yandex.ru

САМОРАЗРЯД В НИКЕЛЬ-КАДМИЕВЫХ АККУМУЛЯТОРАХ

В данной статье исследуется процесс саморазряда в щелочных аккумуляторах на базе структурной модели аккумулятора с саморазрядом.

В теории импеданса довольно широко используется структурное моделирование при исследовании различных электрохимических процессов и систем [1-3]. Структурное моделирование основывается на системном подходе, при котором исследуемый объект рассматривается как система, состоящая из подсистем или элементов [3]. Отдельные модельные компоненты находятся в непосредственной близости, не проникая при этом один в другой. Взаимодействие между ними осуществляется через разделяющие их поверхности и связи.

В работе [3] показано, что методы структурного моделирования могут быть с успехом применены и при моделировании процессов разряда в аккумуляторах при больших рабочих токах. В данной статье исследуется процесс саморазряда в щелочных аккумуляторах на базе структурной модели аккумулятора с саморазрядом. Данная статья продолжает работы [4-15] по моделированию различных режимов работы аккумуляторов.

Основная электрохимическая причина саморазряда никель-кадмиевых (НК) аккумуляторов связана с тем, что потенциал оксидно-никелевого электрода (ОНЭ) положительнее потенциала обратимого кислородного электрода, поэтому на ОНЭ может идти реакция разряда гидроксил ионов с выделением газообразного кислорода, сопровождающаяся восстановлением никеля [1]

$$NiOOH + OH^- \rightarrow Ni(OH)_2 + \frac{1}{2}O_2 + e^-. \qquad (1)$$

Простейшая структурная модель аккумулятора с учетом саморазряда будет иметь вид представленный на рис. 1.

В этом случае саморазряд псевдоконденсатора C, рис. 1, будет описываться уравнением

$$C\frac{du}{dt} + i_C(u) = 0, \qquad (2)$$

где $i_C(u)$ - ток утечки (саморазряда), через нелинейное сопротивление r.

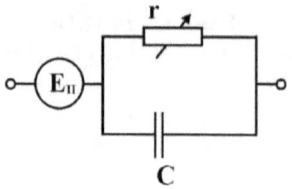

Рисунок 1. Простейшая структурная модель щелочного аккумулятора с учетом саморазряда: $E_п$ - идеальный конденсатор постоянного напряжения, моделирующий ЭДС аккумулятора после большого срока хранения (теоретически бесконечного); С - псевдоконденсатор, моделирующий процесс саморазряда аккумулятора, т.е. изменение напряжения на его обкладках; r - нелинейное сопротивление, моделирующее электрохимические процессы саморазряда на границе активного вещества и электролита.

Начальное условие для уравнения (3) будет

$$u\big|_{t=0} = u_0 = E_0 - E_п, \qquad (3)$$

где E_0 - ЭДС заряженного аккумулятора; $E_п$ - предельная ЭДС, т.е. ЭДС до которой изменяется напряжение на клеммах аккумулятора, при теоретически бесконечном сроке хранения, в соответствии с конкретным механизмом саморазряда. Например, при саморазряде в соответствии с электрохимической реакцией (1) предельная ЭДС $E_п$ будет определяться потенциалом обратимого кислородного электрода.

Пусть ток саморазряда описывается уравнением Тафеля

$$i_c(u) = i_0 \exp(au), \qquad (4)$$

где $a = \dfrac{\alpha z F}{RT}$. Решим уравнение (2) при граничных условиях (3) и токе саморазряда (4). В этом случае напряжение на клеммах аккумулятора, будет изменяться со временем, согласно уравнению

$$u_k = E_0 - \frac{1}{a}\ln\left[\frac{ai_0 \exp(au_0)}{C}t + 1\right]. \qquad (5)$$

При

$$t > \frac{C}{i_0 \exp(au_0)a}, \qquad (6)$$

можно пренебречь единицей в квадратных скобках формулы (5) и она переходит в эмпирическую формулу Гинделиса [1].

$$u = A - B \cdot \ln t, \qquad (7)$$

где A, B - константы, причем B - некоторая функция от температуры.

Чтобы получить выражение для потери емкости при саморазряде проинтегрируем ток саморазряда (4) по времени с учетом того, что напряжение на псевдоконденсаторе С равно $u=(u_k-E_п)$ и (5), получим

$$q = \frac{C}{a}\ln\left[\frac{i_0 \exp(au_0)a}{C}t + 1\right]. \qquad (8)$$

Данная функция на широком интервале изменения t может быть точно аппроксимирована степенной функцией [12], т.е.
$$q = [i_0 \exp(au_0)]t^n, \qquad (9)$$
при $0<n\leq 1$. Причем n будет зависеть от интервала аппроксимации. При небольшом интервале аппроксимации вблизи нуля $n\approx 1$ (разложение в ряд Тейлора). Для интервалов изменения времени, используемых в работе [11] n<1, так как время в данной работе достаточно большая величина в этом интервале функция (8) стремится с бесконечности медленней, чем t следовательно n должно быть меньше единицы, что и дает аппроксимация.

Формула (9) совпадает с эмпирической формулой
$$q = kt^n, \qquad (10)$$
при
$$k = i_0 \exp(au_0), \qquad (11)$$
Если учесть, что ток обмена возрастает с ростом температуры по закону
$$i_0 = D\exp\left(-\frac{\alpha zFE}{RT}h\right), \qquad (12)$$
где Е - ЭДС аккумулятора; h - некоторая константа, учитывающая особенности конкретной электрохимической реакции, в частности, строение двойного электрического слоя, то получим зависимость k от температуры в виде
$$\ln k = \ln D - \left(-\frac{\alpha zF(hE + E_\Pi - E_0)}{R}\right)\frac{1}{T}. \qquad (13)$$
Данная формула совпадает с эмпирической формулой
$$\ln k = A - \frac{b}{T}, \qquad (14)$$
при
$$A = \frac{\ln D}{\ln 10}, \quad b = \frac{\alpha zF(hE + E_\Pi - E_0)}{R \ln 10}. \qquad (15)$$

Литературные источники

1. Галушкин Н.Е. Моделирование работы химических источников тока Шахты: Изд-во ДГАС, 1998. 224с
2. Галушкин Н.Е., Кукоз Ф.И., Язвинская Н.Н., Галушкин Д.Н. Моделирование работы аккумуляторов Шахты: Изд-во ЮРГУЭС, 2009. 199 с.
3. Галушкин Н.Е., Язвинская Н.Н., Кукоз Ф.И., Галушкин Д.Н. Структурное моделирование работы электрохимических аккумуляторов Шахты: Изд-во ЮРГУЭС, 2009. 192 с.

4. Галушкин Н.Е., Галушкина Н.Н. Анализ эмпирических зависимостей, описывающих разряд щелочных аккумуляторов // Электрохимическая энергетика. 2005. Т. 5. № 1. С. 43-49.
5. Галушкин Н.Е., Кудрявцев Ю.Д. Влияние частоты внешнего тока на распределение количества прошедшего электричества по глубине пористого электрода // Электрохимия. 1993. Т. 29. № 10. С. 1192-1195.
6. Галушкин Н.Е. Моделирование работы щелочных аккумуляторов в стационарных и нестационарных режимах: дис. ... д-ра техн. наук. Новочеркасск, 1998. 465с.
7. Galushkin N.E., Yazvinskaya N.N., Galushkin D.N. Generalized Model for Self-Discharge Processes in Alkaline Batteries // Journal of the Electrochemical Society. 2012. V. 159. N 8. P. A1315-A1317.
8. Galushkin N.E., Yazvinskaya N.N., Galushkin D.N. Models for Evaluation of Capacitance of Batteries // International Journal of Electrochemical Science. 2014. Т. 9. № 4. С. 1911-1919.
9. Галушкина Н.Н., Галушки Д.Н., Галушкин Н.Е. Нестационарные процессы в щелочных аккумуляторах монография Шахты: Изд-во ЮРГУЭС, 2005.
10. Галушкин Н.Е., Язвинская Н.Н., Галушкин Д.Н. Моделирование зависимости ёмкости никель-кадмиевых аккумуляторов от тока разряда // Электрохимическая энергетика. 2012. Т. 12. № 3. С. 147-154.
11. Галушкин Н.Е., Язвинская Н.Н., Галушкин Д.Н. Компьютерное моделирование зависимости емкости никель-кадмиевых аккумуляторов фирмы SAFT среднего режима разряда от токов разряда // Известия высших учебных заведений. Северо-Кавказский регион. Серия: Технические науки. 2012.№ 6, С. 123-126.
12. Галушкин Д.Н., Галушкин Н.Е. Разряд щелочных аккумуляторов // Электрохимическая энергетика. 2007. Т. 7. № 2. С. 99-102.
13. Галушкин Н.Е., Язвинская Н.Н., Галушкина И.А. Анализ использования эмпирических соотношений для оценки емкости никель-кадмиевых аккумуляторов фирмы SAFT длительного режима разряда // Фундаментальные исследования. 2012. № 11-5. С. 1180-1184.
14. Кукоз Ф.И., Кудрявцев Ю.Д., Галушкин Н.Е. Влияние формы внешнего тока на распределение количества прошедшего электричества по глубине пористого электрода // Известия высших учебных заведений. Северо-Кавказский регион. Серия: Технические науки. 1988.№ 3. С. 3-8.
15. Galushkin N.E., Yazvinskaya N.N., Galushkin D.N., Galushkina I.A. Generalized Analytical Models of Batteries' Capacitance Dependence on Discharge Currents // International Journal of Electrochemical Science. 2014. Т. 9. № 8. С. 4429-4439.

Работа выполнена в рамках гранта МК-4969.2016.8

Пейков А.М.,
соискатель кафедры политической экономии и мирового глобального хозяйства ФГБОУ ВПО «Тамбовский государственный университет имени Г.Р.Державина»

Радюкова Я.Ю.,
кандидат экономических наук, доцент, зав.кафедрой финансов и банковского дела ФГБОУ ВПО «Тамбовский государственный университет имени Г.Р.Державина»

Колесниченко Е.А.
доктор экономических наук, профессор, зав.кафедрой кадрового управления ФГБОУ ВПО «Тамбовский государственный университет имени Г.Р.Державина»,dissovet@tsu.tmb.ru

О НЕОБХОДИМОСТИ И ЦЕЛЕСООБРАЗНОСТИ СОЗДАНИЯ ЦЕНТРОВ КЛАСТЕРНОГО РАЗВИТИЯ В ТАМБОВСКОЙ ОБЛАСТИ

Наиболее значимыми отраслями в экономике Тамбовской области являются отрасли сельского хозяйства, обрабатывающих производств и строительства. В области за последние несколько лет отмечен рост производства по следующим видам продукции:
- полуфабрикаты мясные (мясосодержащие) подмороженные и замороженные (834,6%);
- полуфабрикаты мясные (мясосодержащие) охлажденные (529,9%);
- комбикорма (367,2%);
- смеси асфальтобетонные дорожные, аэродромные и асфальтобетон (192,3%);
- машины и оборудование (176,1%);
- бетон (115,2%);
- ткани готовые шерстяные (134,8%);
- масла растительные нерафинированные (133,6%);
- изделия медицинские (130,2%);
- конструкции и детали сборные железобетонные (128,6%).

По итогам последних лет экономического развития Тамбовской области Fitch Ratings присвоило долгосрочные рейтинги в иностранной и национальной валюте на уровне «BB+» (BB плюс) и краткосрочный рейтинг в иностранной валюте «B». Национальный долгосрочный рейтинг «A+(rus)». Прогноз по долгосрочным рейтингам в иностранной и национальной валюте и по национальному долгосрочному рейтингу – «Стабильный» [1].

Несмотря на имеющуюся положительную динамику в развитии необходимым является развитие инфраструктуры поддержки предпринимательской деятельности в области.

В современных условиях хозяйствования актуальность приобрели территориальные кластеры, которые в исследованиях рассматриваются как управленческая модель, ключевыми показателями эффективности которой являются:

– обеспечение роста объемов реализуемой продукции участников кластера [2];

– обеспечение роста количества высокопроизводительных рабочих мест [3];

– обеспечение роста инвестиций;

– обеспечение роста доли инновационной продукции, выпускаемой в регионе [4];

– обеспечение роста количества малых и средних предприятий.

Исходя из специфики регионального хозяйства, интересным будет рассмотрение такой сферы деятельности Тамбовской области как агропромышленный комплекс.

Агропромышленный комплекс – ведущий сектор экономики Тамбовской области [5]. Доля АПК в ВРП области составляет около 20 %. Объём инвестиций в основной капитал агропромышленного комплекса в прошедшем году превысил 28,8 млрд. руб. Стоимость валовой продукции АПК за прошедший год составила 114,1 млрд. рублей.

На территории области действуют 347 сельхозпредприятий, 2,5 тысячи крестьянских (фермерских) хозяйств, 72 сельскохозяйственных потребительских коопратива, около 276 тысяч личных подсобных хозяйств и 43 крупных и средних перерабатывающих предприятия.

Доля региона в производстве продукции АПК по России в 2014 году составляла: зерна – 3,3%, сахарной свеклы – 11,6%, подсолнечника – 7,1%, свинины – 2%, спирта этилового – 6,7%, сахара-песка – 8,9%.

В целях повышения уровня доступности кредитных ресурсов для сельхозтоваропроизводителей в области создан залоговый фонд. В рамках реализации инвестиционных проектов по животноводству в области развиваются и наращивают производственные мощности свиноводческие комплексы. При выходе на проектную мощность производство мяса на данных комплексах составит более 200 тыс. тонн в год (в 2014 году производство мяса свинины составило 38,9 тыс. тонн).

В области можно выделить несколько сформировавшихся территориальных горизонтально ориентированных кластеров. В первую очередь это кластер производителей и переработчиков продукции животноводства (животноводческий кластер) и кластер производителей и переработчиков продукции растениеводства (растениеводческий кластер). Требуется системная работа по развитию и усилению роли данных образований в структуре экономики региона. Кроме того, требуется усиление интеграции предприятий сферы АПК с научными организациями региона. С целью развития данных интегрированных структур (кластеров) необходимо создать специализированную структуру Центр кластерного развития Тамбовской области.

В Тамбовской области создана структура поддержки субъектов предпринимательства, включающая в себя:
1. ОАО «Корпорация развития Тамбовской области».
2. ОАО «Тамбовский областной земельный фонд».
3. Тамбовское областное государственное унитарное предприятие «Фонд содействия кредитованию малого и среднего предпринимательства Тамбовской области».
4. Тамбовское областное государственное бюджетное учреждение «Региональный информационно-консультационный центр агропромышленного комплекса».
5. Тамбовский инновационный бизнес-инкубатор.

Помимо данных специализированных организаций, существенную поддержку в развитии МСП в регионе оказывают органы исполнительной власти субъекта федерации в том числе:
– управление сельского хозяйства;
– управление инновационного развития, международного и межрегионального сотрудничества Тамбовской области;
– управление по развитию промышленности и предпринимательства.

Данные органы исполнительной власти оказывают поддержку, в том числе путем предоставления грантов на осуществление предпринимательской деятельности.

Единственным субъектом поддержки малых и средних предпринимателей направленным на формирование и развитие кластерных инициатив, а так же сопровождения проектов и программ регионального развития является ОАО «Корпорация развития Тамбовской области», в связи с этим целесообразно создать Центр кластерного развития, как структурное подразделение общества.

Цель функционирования Центра кластерного развития: формирование благоприятных условий для развития предпринимательской деятельности участников кластера и повышения уровня экономической эффективности их функционирования.

Направления работы центра [6]:
– разработка программ развития кластеров, в том числе инвестиционных;
– мониторинг состояния инновационного, научного и производственного потенциала территориальных кластеров;

– разработка и реализация совместных кластерных проектов с привлечением участников территориальных кластеров, учреждений образования и науки, иных заинтересованных лиц;

– стимулирование сбыта продукции участников кластера (выставки, информационный портал, реклама и т.д.);

– развитие внутрикластерных связей, формирование стабильных технологических цепочек;

– согласование стратегий развития участников кластера (непосредственное взаимодействие, форсайт сессии и т.д.);

– привлечение аутсорсеров, что позволит снизить затраты участников кластера по различным направлениям деятельности: бухгалтерский учет, юридические консультации, реклама, подбор кадров и т.д.;

– организация подготовки, переподготовки и повышения квалификации кадров, предоставления консультационных услуг в интересах участников кластеров;

– оказание содействия участникам территориальных кластеров при получении государственной поддержки;

– вывод на рынок новых продуктов (услуг) участников территориальных кластеров;

– организация круглых столов и семинаров в сфере интересов участников кластера.

В ближайшей перспективе планируется проработать стратегии, программы кластерных инициатив и начать деятельность ЦКР в рамках инициатив, реализуемых на базе ключевой отрасли Тамбовской области - агропромышленного комплекса.

В качестве приоритетных были определены следующие кластеры:

1. Кластер производителей и переработчиков продукции животноводства.

2. Кластер производителей и переработчиков продукции растениеводства.

Цель функционирования «Животноводческого» кластера – формирование благоприятных условий для развития предпринимательской деятельности производителей и переработчиков продукции животноводства и повышения уровня экономической эффективности их функционирования.

Социально-экономические эффекты функционирования «Животноводческого» кластера:

– увеличение объем производства и сбыта продукции предприятий производства и переработки животноводческой продукции;

– рост доходов регионального бюджета;

– повышение уровня занятости сельского населения, за счет создания новых рабочих мест;

- повышение показателей рентабельности предприятий;
- повышение инвестиционной привлекательности региона, и как следствие увеличение объема инвестиций в экономику региона;
- повышение в регионе предпринимательской активности.

Стратегические задачи, направленные на развитие «Животноводческого» кластера:
- стимулирование сбыта продукции участников кластера производителей и переработчиков продукции животноводства (участие в выставках, создание специализированного информационного портала кластера, рекламные мероприятия и т.д.);
- внедрение передовых технологий на предприятиях участниках «Животноводческого» кластера (ресурсосберегающие технологии, создание новых технологических цепочек с участием нескольких предприятий, технологии переработки и утилизации отходов);
- создание новых видов продукции при использовании достижений участников «Животноводческого» кластера;
- формирование и продвижение единого бренда предприятий участников кластера производителей и переработчиков продукции животноводства;
- формирование и развитие кадрового потенциала участников кластера, для решения проблем нехватки персонала;
- формирование единой стратегии развития участников «Животноводческого» кластера, согласование приоритетов развития участников кластера (непосредственное взаимодействие, форсайт сессии и т.д.).

Цель функционирования «Растениеводческого» кластера – формирование благоприятных условий для развития предпринимательской деятельности производителей и переработчиков продукции растениеводства и повышения уровня экономической эффективности их функционирования.

Социально-экономические эффекты функционирования «Растениеводческого» кластера:
- развитие потенциала предприятий, участников кластера;
- рост объемов производства предприятий входящих в кластер;
- повышение уровня занятости сельского населения в районах;
- улучшение инфраструктурного обеспечения населенных пунктов в сельской местности;
- реализация конкурентных преимуществ региона по производству продуктов питания, связанных с географическим расположением, климатом, обширными зонами агропромышленного производства региона;

Экономические науки

– повышение инвестиционной привлекательности участников кластера;

– рост доходов регионального бюджета.

Стратегические задачи, направленные на развитие «Растениеводческого» кластера:

– стимулирование сбыта продукции участников кластера производителей и переработчиков продукции растениеводства (участие в выставках, создание специализированного информационного портала кластера, рекламные мероприятия и т.д.);

– внедрение передовых технологий на предприятиях участниках «Растениеводческого» кластера (ресурсосберегающие технологии, создание новых технологических цепочек с участием нескольких предприятий, технологии переработки и утилизации отходов);

– создание новых видов продукции при использовании достижений участников кластера производителей и переработчиков продукции растениеводства;

– формирование и продвижение единого бренда предприятий участников кластера производителей и переработчиков продукции растениеводства;

– формирование и развитие кадрового потенциала участников кластера, для решения проблем нехватки персонала;

– формирование единой стратегии развития участников «Растениеводческого» кластера, согласование приоритетов развития участников кластера (непосредственное взаимодействие, форсайт сессии и т.д.) и т.д.

Литература:

1. Fitch подтвердило рейтинги Тамбовской области на уровне «BB+», прогноз «Стабильный» [Электронный ресурс]. – https://www.fitchratings.ru/ru/rws/press-release.html?report_id=1002281

2. Драпалюк М.В., Морковина С.С. и др. Развитие инновационной деятельности в регионе: вектора взаимодействия инвесторов и стартапов: монография [Текст]. – Москва: КноРус, 2014. – 328 с.

3. Колесниченко Е.А. Проблемы территориальной трансформации регионального пространства [Текст] /Е.А. Колесниченко // Вестник Тамбовского университета. Серия: Гуманитарные науки. 2009. №2(70). – С. 395-400.

4. Колесниченко Е.А., Савинова О.В. Кластерный подход как инструмент создания благоприятного инвестиционного и делового климата в системе обеспечения конкурентоспособности территории [Текст] /Е.А.

Колесниченко, О.В.Савинова // Социально-экономические явления и процессы. 2014. №2(60). – С. 47-55.

5. Колесниченко Д.А. Усиление межрегионального сотрудничества в условиях реализации социально-экономической политики поляризованного развития [Текст] /Дисс…канд.эконом.наук. – Тамбов, 2010. – 187 с.

6. Основные направления инвестиционной политики в контексте задач новой индустриализации: научный доклад [Электронный ресурс]. – http://inecon.org/docs/Novitsky_paper_20140213.doc#3

Красулина О.Ю.
к.э.н., доцент кафедры «Финансы и кредит», Нижегородского института управления - филиала Российской академии народного хозяйства и государственной службы при Президенте Российской Федерации г.Нижний Новгород, Российская Федерация e mail: strash@mail.ru

ЗНАЧИМОСТЬ СОЦИАЛЬНОГО АСПЕКТА ДЛЯ АРКТИЧЕСКОГО ПРОСТРАНСТВА[1]

Понятие комплексное освоение Арктических территорий должно делать акцент не только на экономическую составляющую, но и на социально-природную составляющую. Это значит сохранение экологического и социального сохранение коренных народов, развитие инфраструктуры и привлечение рабочей силы в регион [6,90].

Снижение численности населения северных регионов наблюдается как за счет естественной убыли, так и за счет миграционного оттока. Миграционный процессы больше всего связаны либо с социально-экономическими причинами (высокий уровень бедности, неразвитая социальная инфраструктура), либо с увеличенной природно-климатической нагрузкой на организм людей [2,300].

Оценка численности постоянного населения[1)] на 1 января; тыс. человек

Арктические регионы	2001	2006	2009	2010	2011	2012	2013	2014	2015
Республика Карелия	728,8	697,5	687,5	684,2	642,6	639,7	636,9	634,4	632,5
Республика Коми	1042,9	985	958,5	951,2	899,2	889,8	880,7	872	864,5
Республика Саха (Якутия)	957,5	949,9	949,8	949,3	958,2	955,8	955,6	954,8	956,9
Республика Тыва	305,7	308,5	313,9	317	308,1	309,4	310,5	311,7	313,8
Красноярский край	540,1	513,9	494,5	489,1	454,1	454,6	451,7	448,1	444,3
Архангельская область	1369,1	1291,4	1262	1254,4	1224,9	1213,5	1202,3	1191,8	1183,3
Мурманская область	922,9	864,6	842,5	836,7	794,1	788	780,4	771,1	766,3
Ямало-Ненецкий авт. округ	498,3	530,7	543,6	546,5	524,9	536,6	541,6	539,7	540
Чукотский авт. округ	57,5	50,5	49,5	48,6	50,4	51	50,8	50,5	50,5
	6422,8	6192	6101,8	6077	5856,5	5838,4	5810,5	5774,1	5752,1

---

[1] Статья подготовлена на основе научных исследований, выполненных при финансовой поддержке гранта Российского научного фонда (проект №14-38-00009). Программно-целевое управление комплексным развитием Арктической зоны РФ. Санкт Петербургский государственный политехнический университет Петра Великого.

Источник: Экономические и социальные показатели районов Крайнего Севера и приравненных к ним местностей в 2000-2014 гг. URL: http://www.gks.ru/bgd/regl/b15_22/Main.htm (дата обращения 23.02.2016).

Снижение численности населения северных регионов наблюдается как за счет естественной убыли, так и за счет миграционного оттока. Миграционный процессы больше всего связаны либо с социально-экономическими причинами (высокий уровень бедности, неразвитая социальная инфраструктура), либо с увеличенной природно-климатической нагрузкой на организм людей. Если анализировать миграцию с этой точки зрения, то можно выделить два основных направления миграционных потоков: в южные регионы и крупные экономические центры [5,90].

Отрицательные показатели прироста населения связаны также со старением населения и миграционным дисбалансом молодого населения. При этом необходимо отметить, что существуют серьезные сложности обеспечением исследований необходимой статистической информацией по таким признанным показателям оценки уровня жизни, как уровень развития образования, медицины, бюджетной обеспеченности, социальных гарантий государства и компенсаций для граждан, проживающих на Крайнем Севере. Так как традиционно острыми остаются проблемы алкоголизма (29,4%), жилищного обеспечения (23,3%), социальная незащищенность граждан(19,9%), высокий уровень преступности (17,4%) – все это следствия другой общей проблемы арктических территорий – проблемы занятости. Очень остро стоит вопрос о рабочих местах для населения и решение этой проблемы стоит в общем уровне квалификации коренного населения.

Так, например, пока не приняты законы «Об Арктической зоне Российской Федерации», и «О Северном морском пути». До настоящего времени не разработана государственная программа развития Арктической зоны Российской Федерации [3, 2442].

Природно-климатические факторы предопределили уровень экстремальности арктической зоны для проживания человека и ведения хозяйственной деятельности.

Арктика это сложноорганизованная, хрупкая и в то же время открытая для внешнего воздействия система, где фактически отсутствуют защитные барьеры, противостоящие современному вторжению.

Следует начать с человеческого восприятия. Человек – это в первую очередь социально-природное существо, деятельность которого направлена на освоение и преобразование социального, природного и культурного мира. Когда мы осваиваем мир, мы преобразуем окружающую нас природную и социальную действительность. С философской точки зрения существуют различные виды освоения мира:

• материально практическое преобразование мира: стремление преобразовать природный и социальный мир в соответствии с потребностями;

• духовно-познавательное (теоретическое) освоение мира;

• духовно практическое освоение мира, стремление постичь мир в его значимости для человека и человечества.

Арктика – это целый мир, космос, нечто загадочное, бросающее вызов человечеству. И, приняв этот вызов, человек начал осваивать этот арктический мир задолго до появления современной техники и современных экономических и энергетических потребностей. Мы сегодня стоим на пороге нового этапа освоения Арктики. Однако этот новый этап освоения невозможно охарактеризовать, кроме как следующим витком в материально практическом преобразовании мира.

Арктику необходимо воспринимать не только как сырьевую базу, а прежде всего Арктика это понятие духовно-практического освоения мира и необходимо стремиться постичь мир Арктики в его значимости для человека и человечества. Здесь важны не только представления об Арктике, но и личное человеческое, эмоциональное отношение.

В этом случае немаловажную роль играет образование, создание единого информационного пространства и путь к экономике знаний. Раскрепощение человеческого потенциала, масштабные инвестиции в человеческий капитал, поощрение талантов, мотивацию граждан к инновационному поведению, к созданию и повсеместному внедрению технологических новшеств – это лишь начало полномасштабного развития Севера. Важно отметить, что в российском научном сообществе существует осознание значимости Севера России и того, что там начинают работать новые закономерности экономического развития, основой которых являются знания, инновации, постиндустриальная трансформация. Однако достижение подобных высоких целей развития российской экономики требует труда, предприимчивости, сплоченности, открытости северян и умелого лидерства власти. Для современного этапа перехода России к инновационной экономике необходимо вновь пробудить в обществе этику и ценностную мораль, а также в полной мере в рамках социоприродного освоения Арктики использовать социальные ресурсы: культурное и этническое разнообразие, интеллектуальное разномыслие, открытость на внешний мир местного сообщества, творческий потенциал и квалифицированные кадры.

Арктика это национальное достояние страны, наследие предков и инновационный ресурс России.

ВЫВОД

Арктический континентальный шельф всегда был крайне важен для России, как с точки зрения чисто экономической, так и социальной, и геополитической. В настоящее время существует необходимость продвигаться дальше на север и разрабатывать все новые и новые месторождения, особенно на арктическом шельфе, поскольку данное развитие принципиально важно для безопасности страны.

В настоящее время освоение Арктики рассматривается в первую очередь именно в контексте минеральных и углеводородных ресурсов.

Многие российские и зарубежные ученые в своих работах акцентируют внимание на запасах нефти и газа в арктическом регионе, на важность развития инфраструктуры, восстановления транспортных маршрутов и перспективе развития международного сотрудничества [4,89].

Данные аспекты крайне важны при рассмотрении такого глобального проекта, как Арктика. Однако экономико-ресурсный подход является односторонним и он не должен лежать в основе стратегии по развитию региона[1, 187].

В Арктике много ледяных островов, а это мощные запасы пресной воды. Арктика – это разнообразные биоресурсы, целебные свойства трав и мхов. Арктика – это чистый прозрачный воздух.

Освоение Арктики это глобальный мега проект и необходимо воспринимать его с комплексной точки зрения:

• комплексное освоение региона (транспорт, ресурсы, населенные пункты);

• восстановление и строительство новых северных городов, организация вахтовых методов освоения с преимущественно внутрирегиональным вахтованием;

• сохранение социального и экономического статуса коренных народов;

• исследовательская и научная деятельность по вопросам экологии, климата и эффективного использования ресурсов;

• образовательные программы по арктической тематике, межнациональный культурный обмен;

• забота об экологическом состоянии региона;

• учет климатических факторов и их изменение.

Арктика это не только экономика, но и духовно-интеллектуальное и культурно-цивилизационное пространство

Благодарность: Статья подготовлена по результатам исследования, выполненного при финансовой поддержке гранта Российского Научного Фонда (проект 14-38-00009) «Программно-целевое управление комплексным развитием Арктической зоны РФ (Санкт-Петербургский политехнический университет Петра Великого).

Литература:

1. Теория и практика комплексного развития Арктической зоны РФ: Монография/ В.Н. Борисов, Н.И. Диденко, Н.И. Комков, Б.Н. Порфирьев, В.Н.Лексин, Д.Ф. Скрипнюк. – СПб.: Издательство Политехнического ун-та, 2015. – 192с.

2. Ивантер И.И., Лексин В.Н., Порфирьев Б.Н. Концептуально-методологические основы программно-целевого управления развитием российской Арктики // Стратегические приоритеты развития Российской Арктики. М.: Наука, 2014 с.368.

3. Красулина О.Ю. Стратегические проблемы арктической зоны России// В мире научных открытий Социально-гуманитарные науки 2015, № 7.6 – с.2442

4. Красулина О.Ю. Роль человеческого капитала в развитии Арктической зоны РФ// НОУДПО «Санкт-Петербургский институт проектного менеджмента» Международная научно-практическая конференция «Современные модели развития в аспекте глобализации» КультИнформПресс» – город Санкт-Петербург 15.08.2015.

5. Красулина О.Ю. Характеристика сред жизнедеятельности человека в арктическом геоэкономическом пространстве . Сборник научных статей научно-практической конференции Труды Инженерно-экономического института СПбПУ». Август 2015 – с.89

6. Красулина О.Ю. Арктические территории России в современных геоэкономических условиях // Конкурентоспособность в глобальном мире: экономика, наука, технологии 2016, № 2 174с. - С.90-92

7. Федеральная служба государственной статистики. Население. [Электронный ресурс] Режим доступа:http://www.gks.ru/wps/wcm/connect/rosstat_main/rosstat/ru/statistics/population/demography (дата обращения 23.02.2016)

Городнова Н.В.
доктор экономических наук, профессор кафедры правового регулирования
экономической деятельности
Уральского федерального университета
n.v.gorodnova@urfu.ru

Скипин Д.Л.
кандидат экономических наук, доцент Финансового факультета
Тюменского государственного университета
dskipin@mail.ru

Березин А.Э.
аспирант кафедры правового регулирования экономической деятельности
Уральского федерального университета
aberezin004@gmail.com

ОЦЕНКА ЭНЕРГОЭФФЕКТИВНОСТИ ИННОВАЦИОННЫХ ПРОЕКТОВ ГОСУДАРСТВЕННО-ЧАСТНОГО ПАРТНЕРСТВА: ПРОБЛЕМА И РЕШЕНИЕ

Проблема повышения энергетической эффективности инновационных проектов приобретает в последнее время еще большую актуальность как в России, так и за рубежом [3].

Систематизация существующих определений понятия «энергетическая эффективность» дает возможность уточнить и привести авторскую трактовку: энергетический эффект, который возникает при использовании новых технологий и инновационного оборудования на эксплуатационной фазе объектов капитального совершенства.

В свою очередь, энергетическая эффективность капитального строительства в условиях государственно-частного партнерства (ГЧП) – это показатель соотношения полезного эффекта (экономического эффекта) от использования топливно-энергетических ресурсов в рамках реализации энергоэффективных проектов ГЧП, а также применения инновации, и затрат на указанные топливно-энергетические ресурсы и инновационные решения, произведенных в целях получения экономического эффекта партнерством, применительно к объектам капитального строительства, выраженная в процентах [1]. Формализация определения можно записать в следующем виде:

$$ЭЭ_{кс} = Экономический\ эффект\ /\ [Затраты_{ТЭР} + Затраты_И] \qquad (1)$$

где $ЭЭ_{кс}$ – это показатель энергетической эффективности объектов капитального строительства, %;

Экономический эффект – полезный эффект, достигаемый за счет применения мероприятий по повышению энергоэффективности и применения инноваций, тыс. руб.;

Затраты $_{ТЭР}$ – затраты на использование топливно-энергетических ресурсов, тыс. руб.;

Затраты $_И$ – затраты на реализацию инновационных решений, тыс. руб.

В целях обоснования нового методического подхода к оценке энергетической эффективности необходимо разработать основные принципы и подходы к формированию матрицы энергетической эффективности капитального строительства (рис. 1). Указанная матрица является основой для осмысления дефиниции «энергетическая эффективность» капитального строительства государственно-частных партнерств [1], а также базой для обоснования научного инструментария и методики оценки энергоэффективности.

Рис. 1. Формирование матрицы энергетической эффективности капитального строительства ГЧП

Основные принципы формирования матрицы энергетической эффективности капитального строительства:

1) целеполагание проектов ГЧП – решение проблемы повышения энергоэффективности в инвестиционного строительной сфере;

2) формирование 4 блоков (порталов) управления энергоэффективностью капитального строительства [3];

3) учет инновационной составляющей, необходимой для реализации инвестиционных энергоэффективных проектов ГЧП [2].

Вступление в силу с 01.01.2016 г. Федерального закона от 13.07.2015 г. № 224-ФЗ «О государственно-частном партнерстве, муниципально-частном партнерстве в Российской Федерации и внесении изменений в отдельные законодательные акты Российской Федерации» дает новый импульс развития института государственно-частного партнерства [5]. Основные положения ФЗ-224 систематизированы и сведены в таблице.

Таблица

Основные положения федерального закона 224-ФЗ

Параметр анализа	Комментарий
1	2
Нормативное поле функционирования ГЧП (кроме Федерального закона от 13.07.2015 № 224-ФЗ)	Конституция РФ, Гражданский кодекс РФ, Бюджетный кодекс РФ, Земельный кодекс РФ, Градостроительный кодексом РФ, Лесной кодекс РФ, Водный кодекс РФ, Воздушный кодекс РФ, Федеральный закон от 21 июля 2005 года № 115-ФЗ «О концессионных соглашениях»; нормативными правовыми актами субъектов РФ
Условия функционирования в условиях ГЧП	Юридически оформленное сотрудничество (соглашение о ГЧП. Срок соглашения не менее 3 лет, основание –объединение ресурсов, распределение рисков. Цель – привлечение в экономику частных инвестиций, повышение доступности товаров, работ, услуг, повышение их качества.
Публичный партнер	Российская Федерация (в лице Правительства РФ или уполномоченного им федерального органа исполнительной власти), субъект РФ, муниципальное образование.
Частный партнер	Юридическое лицо
Оценка эффективности инвестиционного проекта ГЧП [2]	На стадии рассмотрения проекта уполномоченным органом – проект признается эффективным и обладает сравнительным преимуществом
Критерии эффективности	Одновременно – финансовая эффективность и социально-экономический эффект
Оценка сравнительного преимущества проекта ГЧП	Чистые дисконтированные расходы средств бюджетов РФ и чистые дисконтированные расходы при реализации государственного контракта, муниципального контракта. Объемы принимаемых рисков публичного партнера и объемы рисков при реализации государственного контракта, муниципального контракта
Условия функционирования для публичного партнера	Частичное финансирование создания частным партнером объекта соглашения, а также финансирование его эксплуатации и (или) технического обслуживания в случае, если это будет предусмотрено соглашением о ГЧП (МЧП). Финансирование осуществляется исключительно за счет предоставления

	субсидий
Условия функционирования для частного партнера	Проектирование частным партнером объекта соглашения; полное или частичное финансирование эксплуатации и (или) технического обслуживания объекта соглашения; наличие обязательства по передаче объекта соглашения о ГЧП (МЧП) в собственность публичного партнера по истечении определенного соглашением срока, но не позднее дня прекращения соглашения
Условия заключения соглашения	Строительство и (или) реконструкция (создание) объекта частным партнером; осуществление полного или частичного финансирования создания объекта соглашения; осуществление эксплуатации и (или) технического обслуживания объекта соглашения; возникновение у частного партнера права собственности на объект соглашения при условии обременения объекта соглашения
	Возможность внесения изменений при наличии согласия публичного и частного партнеров.
	Заключение соглашения по итогам проведения конкурса
Ограничения в области объектов ГЧП, МЧП	Исчерпывающий перечень объектов соглашения. Актуально для настоящего исследования: объекты инфраструктуры, земельные участки, производственные объекты, объекты по производству, передаче и распределению электрической энергии; объекты, на которых осуществляются обработка, утилизация, обезвреживание, размещение твердых коммунальных отходов; объекты благоустройства территорий
Объект соглашения	Имущество, в отношении которого не установлена принадлежность исключительно к государственной / муниципальной собственности или запрет на отчуждение
Конкуренция (антимонопольные ограничения)	Возможно заключение соглашения в отношении нескольких объектов соглашения, если это не приведет к недопущению, ограничению или устранению конкуренции
Реконструкция объекта	Нахождение объекта реконструкции в собственности публичного партнера
Ограничения для частного партнера	Запрет на участие в ГЧП юридических лиц, которые находятся по контролем РФ более, чем на 50 % количества голосов, дочерние хозяйственные общества, находящиеся под контролем выше указанных организаций
Требования к частному партнеру	непроведение ликвидации юридического лица и отсутствие решения арбитражного суда о возбуждении по делу о банкротстве; отсутствие недоимки по налогам, сборам и задолженности по иным обязательным платежам, наличие необходимых лицензий
Обязательства частного партнера	Реализация проекта ГЧП своими силами. Привлечение третьих лиц – только с согласия публичного партнера. Запрет на передачу в залог объекта соглашения или права по соглашению. Предоставление баком гарантий в объеме не менее 5% от объема прогнозируемого финансирования. Страхование риска и ответственности за нарушение обязательств по соглашению. Отчуждение частным партнером

	объекта соглашения до истечения срока действия соглашения. Запрет на передачу права по договору аренды земельного участка
Ограничения для публичного партнера	Запрещено вмешиваться в осуществление хозяйственной деятельности частного партнера, разглашать сведения конфиденциального характера либо являющиеся коммерческой или государственной тайной
Обязанности, вытекающие из соглашения о ГЧП	Публичный партнер обязуется предоставить частному партнеру права владения и пользования недвижимым имуществом (в т.ч. земельный участок или земельные участки) и (или) технологически связанными между собой недвижимым и движимым имуществом для деятельности и обеспечить возникновение права собственности частного партнера на объект соглашения при условии соблюдения требований ФЗ № 224
Критерии эффективности функционирования и управления ГЧП [4]	Определены Методикой оценки эффективности проекта государственно-частного партнерства, проекта муниципально-частного партнерства и определения их сравнительного преимущества; 1) окупаемость инвестиций частного партнера; 2) получение частным партнером валовой выручки (дохода от реализации производимых товаров, выполнения работ, оказания услуг по регулируемым ценам, тарифам) в объеме не менее объема, изначально определенного соглашением

Изучение и систематизация положений новелл и статей нового федерального закона дают возможность развития авторского определения ГЧП: государственно-частное партнерство – это юридически оформленное сотрудничество государства и частного бизнеса, основанное на подписании срочного соглашения и привлечении частных инвестиций в целях повышения доступности продукции, работ, услуг и повышения их качества.

Систематизация мирового опыта в сфере энергоэффективности жилых зданий, изучение широкого ряда определений понятия энергоэффективности, уточнение понятия и авторское его трактовка, разработанный подход к обоснованию матрицы энергетической эффективности капитального строительства ГЧП, а также применение таких широко известных научных подходов, как интеграционный, межотраслевой, программно-целевой, кластерный и территориальный, базирующееся на инновационном фундаменте, дают возможность сформировать новый теоретический (методический) подход, который в данной работе определен как инновационно-энергоэффективный (рис. 2).

Данный подход учитывает требования к энергетической эффективности объектов капитального строительства, возводимых и эксплуатируемых в условиях функционирования государственно-частных партнерств (ГЧП), а также необходимость применения новых инновационных технологий возведения зданий и управления объектами капитального строительства.

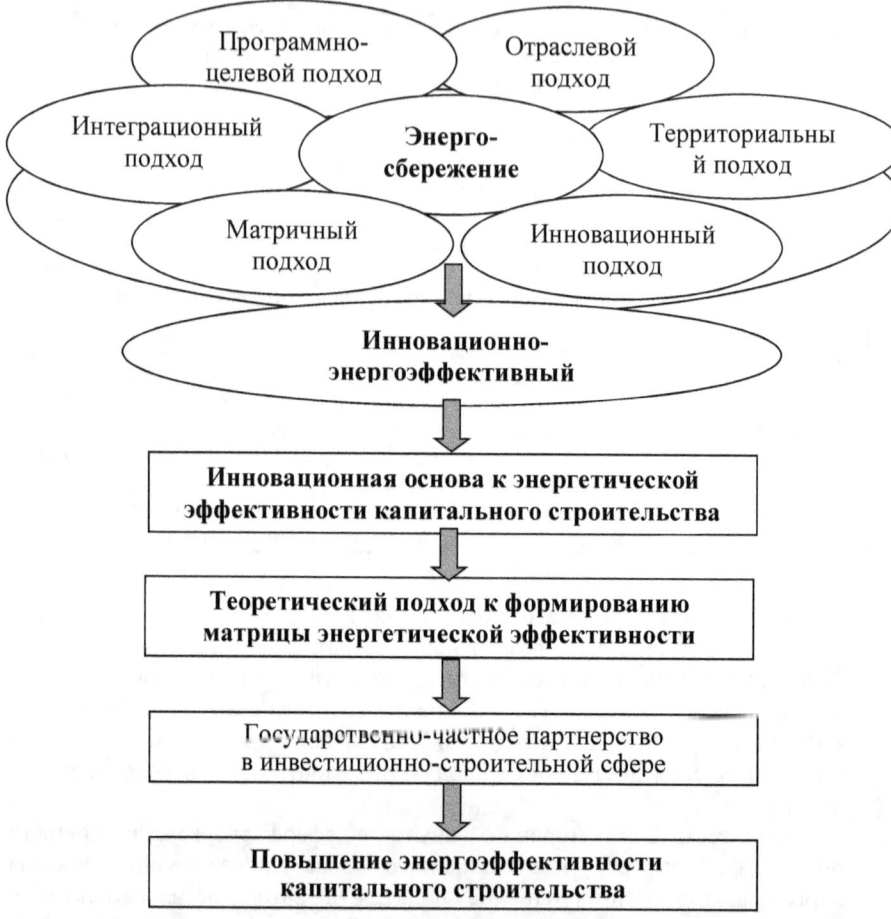

Рис. 2. Теоретический (методический) инновационно-энергоэффективный подход к реализации инвестиционных проектов государственно-частного партнерства в инвестиционно-строительной сфере

Разработанное модельное представление методического инновационно-энергоэффективного подхода дает возможность развития методической базы исследования в целях разработки научного инструментария оценки энергетической эффективности зданий и сооружений, возводимых в ходе реализации энергоэффективных инвестиционных проектов ГЧП [4].

Авторами статьи сформулированы основы модульного подхода и

научного инструментария оценки энергоэффективности капитального строительства, представленные на рис. 3.

Рис. 3. Модульные комплексы оценки энергоэффективности капитального строительства государственно-частных партнерств

Модульный подход заключается в учете принципа энергоэффективности капитального строительства государственно-частного партнерства в инструментах оценки уровня энергоэффективности капитального строительства, оценки трансакционных издержек, оценки риска государства и частного бизнеса в инвестиционных проектах ГЧП, а также в учете специфики участия государства, как партнера при реализации энергопроектов ГЧП.

Алгоритм методики оценки энергоэффективности капитального строительства государственно-частного партнерства состоит из следующих этапов:

Определение системы индикаторов энергетической эффективности, учитывающая получение инвестиционного эффекта для государства от участия в инвестиционном энергопроекте:

1) инвестиционный эффект частного игрока (партнера) $\Delta Э_{инв}^{t\ част}$ – отражает изменения инвестиций частного бизнеса в основные средства, измеряемый в постоянных ценах;

2) $\Delta Э_{инв}^{t\ гос}$ – инвестиционный эффект государства,

3) эффект энергоемкости обозначается $\Delta Э_{емк}^{t}$ – отражает изменения в соотношении промышленного потребления энергии к ее произведенной добавленной стоимости;

4) экономическая структура $\Delta Э_{стр}^{t}$ – показывает изменения в относительных долях промышленности в общей добавленной стоимости;

5) эффект энергобаланса $\Delta Э_{бал}^{t}$ – показывает изменения в относительных долях форм энергии в общем объеме потребления энергии;

6) трудовой эффект $\Delta Э_{труд}^{t}$ – учитывает изменения объема затрат труда.

На основе изучения, систематизации и обобщения накопленного зарубежного опыта, в частности опыта Швеции и Китая, а данном диссертационном исследовании разработана авторская методика оценки энергетической эффективности. Данная методика будет применима к оценки данного показателя как отдельного объекта капитального строительства, так и инвестиционно-строительного комплекса, региона или экономики страны в целом. Методика основывается на определении нескольких индикаторов энергетической эффективности.

Потребление энергии в год T (Eт) можно представить в виде уравнения:

$$E^t = \sum_{ij} E_{ij}^t = \sum_{ij} \frac{E_{ij}^t}{E_i^t} \times \left(\frac{E_i^t}{ВВП_i^t}\right) \times \left(\frac{ВВП_i^t}{ВВП^t}\right) \times ВВП^t = \sum_{ij} ES_{ij}^t \times EI_i^t \times S_i^t \times ВВП^t \qquad (2)$$

где t время в годах; индекс i представляет промышленный сектор - инвестиционно-строительный комплекс (ИСК); индекс J представляет тип топлива; E_i^t означает потребление энергии i-го ИСК в год T; E_{ij}^t означает потребление энергии i-го сектора (ИСК) на основе типа J-го топлива в год

T; ВВП т является валовой внутренний продукт в год Т; ВВП ти означает валовой внутренний объем производства i-го сектора в год Т; $ES_{ij}^t = \frac{E_{ij}^t}{E_i^t}$ это Доля J-ой формы энергии в секторе потребления i полная энергия в год т. $EI_i^t = \frac{E_i^t}{ВВП_i^t}$ является энергоемкость i сектора в год Т;

$S_i^t = \frac{ВВП_i^t}{ВВП^t}$ - является экономическая доля сектора i в год Т;

Согласно теории экономики, производственная функция CobbeDouglas (CD производственная функция) является конкретной функциональной формой производственной функции, широко используется для представления технологической взаимосвязи между двумя или более параметрами, в частности, физического капитала и рабочей силы, и количество продукции, которое может быть получено с помощью этих вводных. В соответствии с функцией производства CD, ВВП может быть выражена следующим уравнением:

$$ВВП^t = A(K^t)^\alpha (L^t)^\beta \qquad (3)$$

где, A, α, β неизвестные постоянные параметры. Обычно, $\alpha > 0$, $\beta > 0$. К - инвестиции в основной актив, L представляет собой сумму затрат труда. Заменитель уравнение (2) для ВВП на праве уравнения (2), то мы

Изменение потребления энергии между базовым годом 0 и целевым год Т, обозначим через $\Delta Э_{общ}^t$, можно разложить на следующие определяющие факторы:

(I) инвестиционный эффект частного бизнеса (обозначим через $\Delta Э_{инв}^{t\,част}$), отражающий изменения инвестиций частного капитала (частного игрока);

(II) инвестиционный эффект государства (обозначим через $\Delta Э_{инв}^{t\,гос}$), отражающий изменения инвестиций государства;

(III) эффект энергоемкости (обозначается $\Delta Э_{емк}^t$),) что отражает изменения в соотношении промышленного потребления энергии к ее произведенной добавленной стоимости;

(IV) эффект экономической структуры (обозначается $\Delta Э_{стр}^t$),), что отражает изменения в относительных долях промышленности в общей добавленной стоимости;

(V) эффект энергобаланса (обозначим через $\Delta Э_{бал}^t$),), что отражает изменения в относительных долях форм энергии в общем объеме потребления энергии;

(VI) трудовой эффект (обозначим через $\Delta Э_{труд}^t$),), отражающий изменения объема затрат труда.

Основные выводы по данному исследованию можно сформулировать следующим образом:

1) разработанный научный инструментарий оценки энергетической эффективности капитального строительства учитывает специфику участия в энергопроектах государства;

2) авторская методика позволяет осуществлять государственно-частный мониторинг энергетической эффективности объектов капитального строительства при реализации инвестиционных проектов государственно-частного партнерства;

3) снижение потерь тепловой энергии объектов капитального строительства может быть достигнуто за счет реализации инновационных мероприятий: использование инновационных наружных конструкций здания, установки на подводках к нагревательным приборам терморегулирующих клапанов, тепловой изоляции магистральных трубопроводов современными строительными материалами и пр.;

4) в целях оценки энергетической эффективности необходимо учитывать такие факторы, как доля использования энергии в отрасли от общего объема потребляемой энергии, факторы, повышающие энергоэффективность, структурные изменения и выбросы CO_2, доля использования первичной энергии;

5) разработка данного научного инструментария позволит оценить энергетическую эффективность, выявить факторы ее повышения, что является основой для дальнейшего стимулирования инвестиционной деятельности и реализации инвестиционных проектов ГЧП;

6) получение количественных индикаторов энергетической эффективности является базой для формирования прогнозного национального энергетического баланса;

7) разработанный инструментарий может стать основой для разработки базовых сценариев и новых национальных программ энергоэффективности в отдельных отраслях промышленности, инвестиционно-строительном комплексе;

8) позитивный опыт реализации энергосберегающей государственной политики и управления энергопотреблением позволят определить четкие цели задачи, и концептуальные основы для составления плана мониторинга и разработки индивидуальных процедур отчетности.

Литература

1. Городнова Н.В. Корпоративное управление российскими компаниями: проблема эффективности: монография / Под ред. Т.К. Руткаускас. Москва. 2009.

2. Городнова Н.В., Скипин Д.Л. Анализ, обоснование и перспективы формирования инвестиционно-строительного кластера в Тюменской

области // Экономический анализ: теория и практика. 2010. № 39. С. 69-76.

3. Городнова Н.В. Повышение энергоэффективности проектов развития территорий // Экономический анализ: теория и практика. 2015. № 5 (404). С. 31-44.

4. Городнова Н.В. Управление крупными корпоративными структурами в строительстве / Г.В. Городнова, А.М. Платонов; науч. Ред. А.В. Румянцева. Екатеринбург. 2007.

5. Shablova E., Gorodnova N., Berezin A. Energy service contracts: Russian practice // Applied Mechanics and Materials. 2015. Т. 792. С. 428.

Филюшина К.Э., к.э.н., доцент
Гусакова Н.В., аспирантка, старший преподаватель
Добрынина О.И., магистрантка 2 курса
Жарова Е.А., магистрантка 2 курса
Меркульева Ю.А., магистрантка 2 курса
Рунькова А.С., магистрантка 2 курса
ФГБОУ ВО «Томский государственный архитектурно-строительный университет»,
Минаев Н.Н., д.э.н., профессор
ФГАОУ ВО "Национальный исследовательский Томский политехнический университет"

КОМПЛЕКСНАЯ ОЦЕНКА СОСТОЯНИЯ РАЗВИТИЯ МАЛОЭТАЖНОГО СТРОИТЕЛЬСТВА В СЕВЕРО-ЗАПАДНОМ ФЕДЕРАЛЬНОМ ОКРУГЕ

Актуальность исследования состояния малоэтажного строительства обусловлена тем, что на сегодняшний день улучшение жилищных условий граждан Российской Федерации является одной из приоритетных задач, стоящих перед органами власти во всех регионах страны. Решение данной задачи находит свое отражение в региональных Программах, направленных на развитие строительного комплекса [1, 2].

На протяжении 20 лет наблюдается устойчивая тенденция увеличения темпов роста малоэтажной застройки, в результате чего в настоящее время именно малоэтажное жилищное строительство стало эффективным инструментом, позволяющим удовлетворить потребности населения в доступном и комфортном жилье, поскольку оно обладает рядом существенных преимуществ перед традиционной многоэтажной застройкой: невысокая себестоимость, комфортность, экологичность, быстрое развитие рынка современных строительных материалов и т.д.

Статистические данные о вводе жилья в Северо-Западном федеральном округе демонстрируют положительную динамику общего ввода жилья. (таблица 1).

Таблица 1 – Годовой объем ввода жилья, млн. кв.м.

Регионы	2012 г.	2013 г.	2014 г.	2015 г.
Северо-Западный федеральный округ	5,83	6,4	8,4	9
Республика Карелия	0,2	0,2	0,2	0,3
Республика Коми	0,09	0,1	0,2	0,2
Архангельская область	0,3	0,3	0,4	0,4
Ненецкий автономный округ	0,03	0	0,03	0,04
Вологодская область	0,39	0,6	0,8	0,9
Калининградская область	0,58	0,6	1,1	1,2
Ленинградская область	1,15	1,4	1,8	2,3
Мурманская область	0,02	0	0,03	0,03
Новгородская область	0,31	0,3	0,4	0,4
Псковская область	0,21	0,2	0,3	0,4
г.Санкт-Петербург	2,58	2,6	3,3	3

Как видно из графика, во всех регионах отмечается увеличение объема ввода жилья, а наибольшее значение данного показателя отмечается в Санкт-Петербурге. Необходимо отметить, что несмотря на высокие показатели относительно других регионов, в Санкт-Петербурге нет действующей Программы развития строительного комплекса, поэтому высокая динамика ввода жилья частично обусловлена статусом города Федерального значения, поскольку программного подхода к развитию строительного комплекса в городе нет. Однако, в Санкт-Петербурге действует Программа по расселению коммунального жилья, что обуславливает высокую потребность в строительстве новых объектов жилой застройки [3, 4].

Помимо увеличения годового объема ввода жилья в регионах отмечается рост доли малоэтажного жилья в общем объеме введенного в эксплуатацию. (таблица 2).

Таблица 2 – Доля ввода малоэтажного жилья в общем объеме ввода жилья, %

Регионы	2012 г.	2013 г.	2014 г.	2015 г.
Северо-Западный федеральный округ	31,4	32,2	39,31	34,65
Республика Карелия	46,8	46,9	40,42	30,71
Республика Коми	61,5	49,6	42,42	44,79
Архангельская область	64,8	55,5	66,21	60,45
Архангельская область (без автономного округа)		53,2	67,27	60,94
Ненецкий автономный округ	56	74,5	56,49	55,53
Вологодская область	78,1	84,6	86,05	82,96
Калининградская область	31,3	36,9	55,12	44,16
Ленинградская область	55,8	42,7	54,65	43,5
Мурманская область	28,1	71,8	79,58	73,08
Новгородская область	65,9	56,7	64,58	59,68
Псковская область	44,2	50,3	56,69	45,61
г.Санкт-Петербург	5,4	8,3	10,41	7,74

Общей тенденцией для всех регионов Северо-Западного федерального округа является незначительное снижение к 2015 году доли малоэтажного жилья. Также, стоит отметить, что в большинстве регионов этот показатель находится на уровне ниже 50%.

На основе анализа региональных Программ развития строительного комплекса можно выделить ряд проблем, которые являются общими для всех регионов и препятствуют развитию в частности малоэтажного жилищного строительства. К таким проблемам относятся:

1. Отсутствие в муниципальных образованиях документов территориального планирования, что не позволяет обеспечить земельные участки необходимой для строительства инженерной и коммунальной инфраструктурой.

2. Высокий уровень износа и технологическая отсталость основных фондов строительной индустрии, что не позволяет в полной мере обеспечивать строительную индустрию современными недорогими строительными материалами для развития малоэтажного строительства.

3. Недоступность для застройщиков и строительных предприятий кредитных ресурсов, что в свою очередь ведет к невозможности обновления основных фондов предприятий.

4. Слабое распространение механизмов комплексного освоения территорий. Об этой проблеме свидетельствует отсутствие у большинства регионов программ и стратегий развития строительного комплекса [5].

Все вышеуказанные проблемы требуют решения посредством программного подхода [6, 7].

Литература:

1. Филюшина К.Э. Управление рисками при реализации инвестиционно-строительных проектов в регионе на основе государственно-частного партнерства / автореферат диссертации на соискание ученой степени кандидата экономических наук // Санкт-Петербургский государственный архитектурно-строительный университет. Санкт-Петербург, 2012.

2. Филюшина К.Э. Модели государственно-частного партнёрства в строительном комплексе региона / Сборники конференций НИЦ Социосфера. 2012. № 28. С. 180-182.

3. Формирование региональной модели управления процессами повышения энергоэффективности малоэтажного жилищного строительства / Минаев Н.Н., Филюшина К.Э., Гусаков А.М., Гусакова Н.В., Жарова Е.А. // Региональная экономика: теория и практика. 2015. № 46 (421). С. 34-41.

4. Formation of a regional process management model for energy efficiency of low-rise residential construction / Zharova E.A., Minaev N.N., Filushina K.E., Gusakov A.M., Gusakova N.V. // Mediterranean Journal of Social Sciences. 2015. Т. 6. № 3. С. 155-160.

5. Евсюков Д.С. Моделирование очередности строительства объектов в малоэтажном коттеджном строительстве / Вестник ИНЖЭКОНа. Серия: Экономика. 2009. № 3. С. 281-284.

6. Пригарин С.А. Основные методологические положения развития управления малоэтажным жилищным строительством / Вестник Московского университета МВД России. 2011. № 3. С. 45-47.

7. Пригарин С.А. Стратегические приоритеты комплексного развития системы управления малоэтажным жилищным строительством / Образование. Наука. Научные кадры. 2011. № 4. С. 144-147.

Морозова Н.И.
доктор экономических наук, доцент, зав. кафедрой менеджмента и торгового дела Волгоградского кооперативного института (филиала) Российского университета кооперации
miss.natalay2012@yandex.ru

НЕОБХОДИМОСТЬ ВНЕДРЕНИЯ МОНИТОРИНГА ЭФФЕКТИВНОСТИ БЮДЖЕТНЫХ РАСХОДОВ В ПРОЦЕСС ПРИНЯТИЯ УПРАВЛЕНЧЕСКИХ РЕШЕНИЙ ОРГАНАМИ ПУБЛИЧНОЙ ВЛАСТИ

В условиях глобализации и роста взаимозависимости стран все большее значение приобретает вопрос эффективного использования бюджетных ресурсов для достижения приоритетных целей государственной политики, поскольку возрастают требования граждан к качеству и доступности общественных услуг, эффективности и прозрачности системы управления государственными финансами. Это, в свою очередь, ведет к постоянному росту государственных расходов за счет увеличения социальных обязательств независимо от государственного устройства страны. Эту тенденцию предвидел еще в конце XIX в. немецкий ученый А.Вагнер. Государству становится все труднее справиться с тем бременем обязательств, прежде всего, социального характера, которое оно взяло на себя по отношению к своим гражданам. Негативными последствиями такой тенденции являются рост дефицита бюджета и вероятность потери финансовой устойчивости государства и его субъектов. Закономерно возникает вопрос, как увеличить бюджетные возможности территории. Если это не удается, то единственным выходом становятся межбюджетные трансферты, т.е. перераспределение средств от более богатых в экономическом и социальном отношении территорий в пользу более бедных, отягощенных особыми обстоятельствами (отсутствие полезных ископаемых, неразвитость инфраструктуры, суровые природные условия и т. д. [1-3].

Однако опыт стран-лидеров убедительно показывает, что успешное развитие территории зависит не столько от бюджетных возможностей, сколько от грамотного и эффективного распределения и управления ресурсами – финансовыми, материальными активами, землей, природными богатствами, интеллектуальным капиталом. Особую значимость в связи с этим приобретает мониторинг и аудит эффективности достигнутых результатов на уровне развития отдельных территорий и их соответствие интересам населения, бизнес сообщества и национальной стратегии. Мониторинг и аудит эффективности бюджетных расходов позволяют:

- оценить ресурсную обеспеченность и реализуемость заявленных в программах и планах целей;

- сделать процессы наблюдаемыми, а значит – контролируемыми и управляемыми.

К сожалению, в российском законодательстве отсутствует нормативное определение понятия «стратегический мониторинг и аудит», а наиболее близким термином может стать предлагаемый в законе о стратегическом планировании термин «стратегический контроль». Однако, на наш взгляд, стратегический контроль необходимо условно разделить на две составляющие – мониторинг процесса и его аудит, причем каждая составляющая должна опираться на обособленную методологию и иметь свои управленческие процессы и процедуры.

Под «мониторингом процесса» мы будем понимать непрерывное наблюдение за реализацией управленческих решений и программ развития, а под «аудитом» – оценку их исполнения за определенный промежуток времени. В случае выявления фактов отклонения от запланированных значений органы публичной власти должны производить своевременные корректирующие действия в целях достижения оптимальных социально-значимых эффектов при реализации программ развития. Построение системы мониторинга и аудита приведет к повышению эффективности управления общественными финансами и к большей увязке ожидаемых результатов с механизмами реализации стратегического планирования.

Правовой основой для формирования национальной системы мониторинга и аудита эффективности бюджетных расходов может стать Концепция долгосрочного социально-экономического развития РФ на период до 2020 года и Указы Президента РФ № 825 «Об оценке эффективности деятельности органов исполнительной власти субъектов Российской федерации» и № 607 «Об оценке эффективности деятельности органов местного самоуправления городских округов и муниципальных районов». Данные документы заложили основу и в тоже время дали импульс для научного поиска новой модели эффективного управления общественными финансами.

В настоящий момент внутренним мониторингом и оценкой программ развития территории занимается Министерство экономического развития РФ и Министерство финансов РФ. Первое из указанных ведомств при проведении мониторинга и оценки эффективности делает акцент на социально-экономических аспектах, а второе – на финансовых. Несовпадение подходов к организации внутреннего мониторинга и аудита создает рассогласованность в установлении целевых индикаторов, подлежащих мониторингу, методических подходов проведения оценки и формирования выводов и рекомендаций для органов публичной власти. К сожалению, в этих процедурах почти не просматривается стратегический аспект и существует проблема дублирования функций двух ведомств.

Вопросами внешнего стратегического аудита государственных

программ занимается Счетная палата, важнейшими направлениями работы которой являются контрольно-ревизионная деятельность. Полномочия Счетной палаты распространяются на все государственные органы и учреждения, федеральные внебюджетные фонды, органы местного самоуправления, предприятия и организации всех форм собственности, банки и другие финансово-кредитные учреждения, их союзы, ассоциации и иные объединения, если они: получают, перечисляют, используют средства из федерального бюджета; используют федеральную собственность либо управляют ею; имеют налоговые, таможенные и иные льготы, предоставленные федеральными законами или органами власти.

В тоже время существуют определенные нормативно-правовые и методические ограничения в области контролируемых объектов, что сужает границы собираемой объективной информации, которая могла бы быть использована при осуществлении функций внешнего стратегического аудита процессов реализации программ развития территории и принятии органами власти управленческих решений. Другим ограничением является недостаточное взаимодействие ведомства с органами муниципального контроля. Без эффективного управления на нижнем уровне власти невозможно эффективно управлять государством в целом.

Таким образом, основными проблемами организации мониторинга и аудита в России являются:

- акцент на отслеживании тактических характеристик реализации программ (сроков, объемов финансирования, числовых значений целевых индикаторов) в ущерб анализу стратегических характеристик (например – отсутствие мониторинга внешней среды);

- слабая методологическая база мониторинга и аудита эффективности программ развития территории;

- узковедомственный подход к формулированию программных документов и показателей их реализации, приводящий к столкновению интересов ведомств.

Литература

1. Морозова Н.И. Межбюджетные отношения как инструмент государственного регулирования качества жизни населения //Бизнес. Образование. Право. Вестник Волгоградского института бизнеса. 2012. № 1. С. 50-54.

2. Морозова Н.И. Межбюджетные отношения как инструмент государственного регулирования развития территории //Бизнес. Образование. Право. Вестник Волгоградского института бизнеса. 2010. № 1. С. 20-22.

3. Морозова Н.И. Влияние финансовых взаимоотношений бюджетов различных уровней на качество жизни населения //Бизнес. Образование. Право. Вестник Волгоградского института бизнеса. 2012. № 3. С. 131-134.

Трофимов А.К.
аспирант кафедры государственного и муниципального управления
Волгоградского государственного университета,
e-mail: omega.800.ak@gmail.com

К ВОПРОСУ ОБ ОСОБЕННОСТЯХ ПРОЯВЛЕНИЯ КРИЗИСА НА УРОВНЕ МУНИЦИПАЛЬНОГО ОБРАЗОВАНИЯ

Кризис (от греч. crisis - поворотный пункт, выход) в общем виде представляет собой экстремальную ситуацию с труднопрогнозируемыми последствиями. Природа возникновения кризиса, а так же его причины и формы проявления исследуются учеными на протяжении столетий, в первую очередь, для целей своевременного принятия соответствующих корректирующих мер для избегания или хотя бы сглаживания последствий уже наступившего кризиса.

Кризис может приводить, как к полному разрушению имеющейся системы, так и ее обновлению. Проверка на жизнеспособность социально-экономической системы, является, пожалуй, одной из важнейших функций кризиса. Если система сможет быстро адаптироваться к новым условиям, то произойдет переход в состояние «роста». Если нет, то система не выдерживает обрушившихся на неё негативных противоречий и разрушается.

Таким образом, кризис – это своеобразная проверка системы на жизнеспособность. Поэтому нельзя рассматривать кризис как нечто деструктивное, обязательно ведущее к только разрушению.

Кризис может возникать на разных уровнях социально-экономической системы, то есть быть мезо-, макро- и микроуровневым.

Отметим, что вне зависимости от уровня, на котором возникает кризис, он имеет общие черты, среди которых:

- имеется отрицательная динамика в статистических показателях развития;
- система сохраняет качество подсистемы на более высоком иерархическом уровне;
- морфология системы практически не изменяется или меняется в незначительной степени;
- система сохраняет целостность;
- при том, что основные компоненты системы сохраняются, новые элементы в ней не появляются;
- физической потери элементов системы в массовом порядке не происходит;
- кризис является экстраординарным механизмом по адаптации системы к изменяющимся условиям, одновременно оставаясь механизмом по физическому сохранению ее элементов.

В тоже время кризис приобретает и специфические черты в зависимости от уровня возникновения [1].

Кризис хозяйствующего субъектам на микроуровне ставит под угрозу реализацию цели и ценностные ориентиры организации, а также ее возможность отвечать «по обязательствам» и характеризуется ограниченной возможностью влияния руководства (менеджмента) на деятельность организации. Очевидно, что понимание неизбежности изменений и владение профессиональным инструментарием действий во время возникновения изменений являются катализатором преодоления кризиса.

Кризис муниципального образования на мезоуровне, как сложной самоорганизующейся социально-экономической системы может быть процессом разрушения связей между элементами муниципального образования, которые обеспечивали на соответствующей территории нормальное, продуктивное функционирование всех субъектов.

В отличие от отдельного хозяйствующего субъекта развитие кризиса на уровне муниципального образования может иметь более серьезные социальные последствия. Даже трудно себе представить, как будет проходить процедура банкротства муниципального образования, и кто будет нести социальные обязательства перед людьми, проживающими на данной территории. Сегодня одним из главных инструментов предупреждения кризиса на субнациональном уровне выступают межбюджетные трансферты, которые позволяют выживать, но не развиваться. Межбюджетные трансферты зачастую ведут к порождению иждивенческих настроений среди органов публичной власти, снижают заинтересованность к наращению доходной базы у быстро развивающихся муниципальных образований. Отсутствуют стратегические механизмы нейтрализации кризисов на муниципальном уровне [2-4].

Таким образом, необходима система мониторинга, которая предоставляла бы оперативную и объективную информацию органам публичной власти о социально-экономических процессах, протекающих на данной территории, с целью принятия обоснованных тактических и стратегических управленческих решений.

Как известно, кризисы порождаются многочисленными причинами, которые в процессе общественного развития эволюционируют, ведя к появлению и развитию новых кризисных ситуаций. В связи с этим, для создания жизнеспособной системы мониторинга необходима научная классификация кризисов, которая позволит в дальнейшем дифференцировать инструменты и средства, применяемые при управлении кризисами.

Кроме того, для эффективного управления необходимо:

➢ целеполагание - уметь ставить цели, принимать обоснованные организационные и экономические решения, необходимые для достижения этих целей;

➢ планирование и прогнозирование - уметь прогнозировать свою деятельность и предвидеть ее результаты;

➢ гражданская ответственность - жители должны обладать способностью формировать качественный состав органов и должностных лиц местного самоуправления, осуществляющих управление, ориентированное на повышение качества жизни населения [5].

Как известно, любой кризис всегда сопровождается негативными явлениями, проявляющимися в:

➢ потере части налоговых поступлений в местный бюджет;

➢ сокращении рабочих мест и увеличении безработицы на территории муниципального образования;

➢ увеличении социальных выплат, в т.ч. из местного бюджета;

➢ обострении социальной, в частности криминальной, обстановки;

Однако современный руководитель должен понимать, что кризис – это не только временная трудность, но и фактор, обеспечивающий обновление системы и открывающий новые возможности для развития муниципального образования и его будущей успешной деятельности.

Литература

1. Трофимов А.К., Морозова Н.И. Кризис и особенности его проявления на муниципальном уровне //Современная экономика: проблемы и решения. 2015. № 6 (66). С. 130-137.

2. Морозова Н.И. Межбюджетные отношения как инструмент государственного регулирования качества жизни населения //Бизнес. Образование. Право. Вестник Волгоградского института бизнеса. 2012. № 1. С. 50-54.

3. Морозова Н.И. Влияние финансовых взаимоотношений бюджетов различных уровней на качество жизни населения //Бизнес. Образование. Право. Вестник Волгоградского института бизнеса. 2012. № 3. С. 131-134.

4. Морозова Н.И. Межбюджетные отношения как инструмент государственного регулирования развития территории //Бизнес. Образование. Право. Вестник Волгоградского института бизнеса. 2010. № 1. С. 20-22.

5. Морозова Н.И. Планирование развития территориальных социально-экономических систем по критерию качества жизни населения // Региональная экономика: теория и практика. 2011. № 32. С. 52-59.

Безбородова А.С.
аспирант кафедры «Мировая экономика» РЭУ им. Г.В.Плеханова
bezborodova.alexandra@mail.ru

РЕЗУЛЬТАТЫ ИМПОРТОЗАМЕЩЕНИЯ В НЕФТЕГАЗОВОМ СЕКТОРЕ И ОСНОВНЫЕ НАПРАВЛЕНИЯ РАЗВИТИЯ

Bezborodova Alexandra Sergeevna
Graduate student of the Chair of International Economy, Plekhanov Russian University of Economics
Import Substitution Results in oil and gas sector and main development directions

Аннотация. В статье рассмотрено влияние санкций на нефтегазовый сектор России и промежуточные результаты политики импортозамещения, обозначены два основных направления развития месторождений и разработка требующихся технологий.

Ключевые слова: санкции, импортозамещение, нефтегазовый сектор, развитие, месторождения, технологии.

Abstract. The sanctions influence on oil and gas sector in Russia and intermediate results of import substation policy are defined in this article.

Key words: sanctions, import substitution, oil and gas sector, development, fields, technologies.

Now it is clear that sanctions against Russian fuel and gas energy complex are not short-term reaction on politics, and in the nearest future, these restrictions will remain unchanged, but if the worst comes to the worst, they will be toughened up. It means that Russian governmental import substitution campaign becomes objective long-term necessity [11]. At the same time declining oil prices and ruble crash, give serious impulse to refuse purchasing foreign equipment, because there is not enough money for it. Therefore, it is time for rehabilitation of domestic industrial production.

What has been achieved over the past two years since imposing sanctions?

From the one hand, results are impressive. The largest Russian industrial companies raised the party of domestic production in their purchasing to more than 90% and all vertically integrated oil companies have their own import substitution programs [16].

On the other hand, domestic mechanical engineering plants have problems resulted from this situation. Many positions have at least 40% of import components. So large localization of industry is required, including the support of vertically integrated oil companies.

The main question here is – will the policy of import substitution work in Russia? Many competent experts say that now import substitution has only spotty results and does not lead to technological independence from Europe and USA.

Why is it so? First, oil and gas engineering is a part of national security and it is impossible to build strong technology without overall reindustrialization. Second, the long-term development strategy of Russian fuel and energy complex is not clear enough. And if we can not predict what resources we will develop tomorrow – Arctic oil, oil of Bazhenov Group or oil from small fields, and how can we plan the needs in technologies and equipment [1, 46p]?

Over the years, the main tendency of Russian oil and gas complex consisted of two main items. First one is to develop reserves of new oil and gas fields and it goes from west to east. But now we reached Pacific Ocean and this cycle is finished. But undeveloped resources are still exist in Arctic and some areas of East Siberia [2, 19p].

The second main point is opening and developing of giant and large fields. And now if we want to get good results from the policy of import substitution firstly we must determine the strategy in oil and gas sector.

Список литературы

1. А.А. Коршак, А.М. Шаммазов – Основны нефтегазового дела Издание ДизайнПолиграфСервис, 2005
2. В. Тетельмин, В. Язев - Нефтегазовое дело. Полный курс – Издательство Интеллект, 2009
3. М.В. Кешнер - Экономические санкции в современном международном праве. – Издательство Проспект, 2015
4. Н.И. Брагин, Н.Н. Матненко - Особенности инновационных преобразований в условиях антироссийских санкций, Издательство Экономика, 2016
5. В. Андрианов Импортозамещение вслепую - Нефтегазовая вертикаль. – 3-4'16. – 69 – 75 стр.
6. http://www.gazprom.ru/
7. http://neftegaz.ru/
8. http://www.oilru.com/
9. http://www.oilcapital.ru/
10. http://burneft.ru/
11. http://www.rfgf.ru/gkm/index.php
12. https://lenta.ru/

Боязитов Д.Р.
аспирант Волгоградского государственного университета
boyazitov_dr@mail.ru

КЛЮЧЕВЫЕ АСПЕКТЫ ГОСУДАРСВТЕННОГО УПРАВЛЕНИЯ ЭКОНОМИКОЙ РЕГИОНА

Сущность процесса государственного управления экономикой региона заключается в организации системы взаимосвязанных и взаимообусловливающих механизмов и форм воздействия на экономику региона с целью стимулирования ее экономического развития. Субъектами государственного управления экономикой региона являются органы государственной власти. Объектом государственного управления экономикой региона является экономика региона. Функциями государственного управления экономикой региона являются:

1. давать стимулы (в том числе ресурсные) развитию тех территорий, которые по объективным причинам не могут функционировать в режиме саморазвития;

2. активизировать и ресурсно поддерживать социальную мобильность населения отдельных регионов (направленная миграция);

3. создавать условия для возникновения и функционирования государственно значимых потенциальных точек роста (например, СЭЗ, технопарков и т. п.);

4. обеспечивать выполнение отдельными территориями общегосударственных функций (например, содержание на территории объектов республиканского назначения, финансирование закрытых административно-территориальных образований);

5. формировать и поддерживать специфические организационно-правовые режимы на территориях особого политического и геополитического значения;

6. оперативно реагировать на образование зон бедствий (стихийных, техногенных и др.).

Цель управления экономическим развитием региона заключается в оценке экономических и финансовых последствий реализации прогнозных сценариев, которые формируют диапазон вариантов роста, доступных для региона, а также предполагает анализ расходов, связанных с этим ростом, и потому служит интересам и частного, и государственного секторов [1]. Прогнозные сценарии позволяют рассмотреть ряд вариантов экономического роста, доступных для региона [2]. Прогнозы и генеральные планы развития могут использоваться для оценки затрат на инфраструктуру и оказание услуг, необходимых для достижения прогнозируемого роста в регионе.

Важную роль в обеспечении эффективности управления экономикой региона играет ориентация на устойчивое развитие, которое обеспечивает положительный эффект от управления в долгосрочной перспективе. Управление экономическим развитием региона основывается на трех ключевых направлениях: защита окружающей среды, социальное развитие и поддержание конкурентоспособности экономики региона, которые формируют основу управления социальной, экономической и экологической системами региона в единстве (рис. 1).

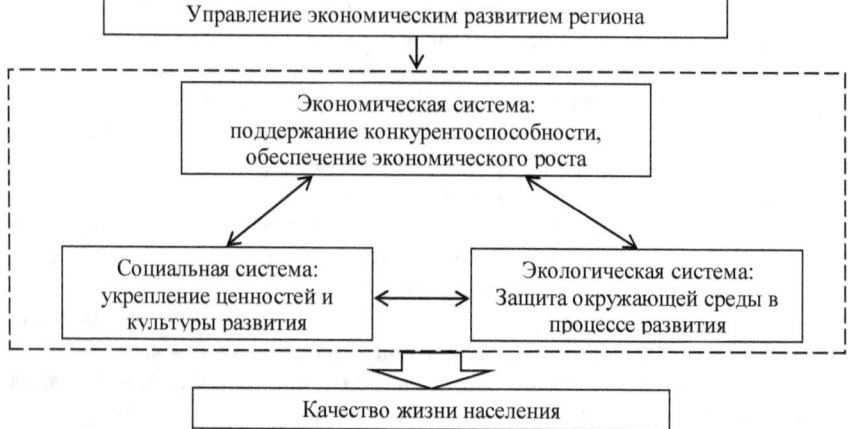

Рисунок 1. Единство социальной, экономической и экологической систем в рамках управления экономическим развитием региона
Источник: авторский

Стратегия устойчивого экономического развития региона должна быть сосредоточена на четырех ключевых элементах: планирование природопользования, планирование инфраструктурного развития, финансовое планирование и планирование сферы услуг, в том числе государственных [4, 5].

Модель управления экономическим развитием региона должна также включать в себя следующие основные компоненты [6]:
- прогноз капитальных и эксплуатационных доходов и расходов;
- прогноз и анализ налоговых сборов и валютных курсов;
- прогноз требований запасов и резервного фонда при различных допущениях финансирования;
- анализ необходимости пересмотра финансирования системы регионального развития;
- анализ финансовых последствий обеспечения устойчивости в контексте устойчивого развития стратегии региона.

Что касается финансового анализа модели управления экономическим развитием региона, то он предполагает оценку влияния по следующим направлениям [3]:

– оценка сценария и экспертиза финансового воздействия нового уровня экономического роста и развития на региональную инфраструктуру и сферу услуг региона;

– оценка финансовых последствий развития интенсификации против развития системы защиты окружающей среды;

– анализ влияния различных источников финансирования и их диверсификации в рамках региона.

Результаты реализации модели управления экономическим развитием региона должны быть документированы и состоять в следующем [6]:

– итоговый отчет, содержащий оценку финансовых и экономических последствий различных сценариев экономического развития региона;

– долгосрочная модель анализа финансового влияния, анализа чувствительности;

– анализ влияния налоговых сборов на экономическое развитие региона;

– резервные требования и анализ резервного фонда;

– долговые обязательства и платежи по основному долгу региона;

– отдельная модель для анализа финансовых последствий конкретных предложений по развитию территорий в регионе.

Литература

1. Глазьев, С.Ю. Стратегия опережающего развития России в условиях глобального кризиса / С.Ю. Глазьев. М.: Экономика, 2010. 255 с.
2. Доничев О.А., Фраймович Д.Ю., Гундорова М. А. Оптимизация структуры перспективных индикаторов развития региона в рамках стратегии инновационной модернизации / О.А. Доничев, Д.Ю. Фраймович, М.А. Гундорова // Региональная экономика: теория и практика. 2012. №18. С. 2-8.
3. Ломовцева О.А. Совокупный ресурсный потенциал региона: методология определения и измерения / О.А. Ломовцева //Научные ведомости БелГУ. - 2012. - № 1(120). - С. 61-67
4. Морозова Н.И. Планирование развития территориальных социально-экономических систем по критерию качества жизни населения //Региональная экономика: теория и практика. 2011. № 32. С. 52-59.
5. Морозова Н.И. Модернизация системы планирования развития территориальных социально-экономических систем в РФ с целью повышения качества жизни населения //Управление экономическими системами: электронный научный журнал. 2013. № 1(49). с. 16
6. Макаркин Н.П. Об условиях инновационного развития. М.: Экономика, 2012. 148 с.

Соловьев С.А.
aisol@rambler.ru

«ЦИФРОВАЯ РЕВОЛЮЦИЯ» И ПРОБЛЕМЫ ФИНАНСИРОВАНИЯ МУЗЫКАЛЬНОЙ ИНДУСТРИИ

«THE DIGITAL REVOLUTION» AND PROBLEMS OF FINANCE OF MUSIC INDUSTRY

Аннотация

В работе рассмотрены проблемы финансирования в музыкальной индустрии, обусловленные широким распространением цифровых технологий во всех сферах экономической деятельности. Выполнен анализ изменений, происходящих под воздействием «цифровой революции» и предложены меры, направленные на совершенствование процессов формирования доходов и повышения эффективности музыкального бизнеса.

Ключевые слова: цифровые технологии, музыкальная индустрия, финансы, стратегия бизнеса, конкурентоспособность

Abstract

The paper discusses the problems of finance in the music industry, due to the wide spread of digital technologies in all spheres of economic activity, an analysis of the changes occurring under the influence of the "digital revolution", and measures aimed at improving the finance processes and improve the efficiency of the music business.

Keywords: digital technology, music industry, finance, business strategy, competitiveness

"Мы переживаем величайшую информационно-коммуникационную революцию в истории человечества".
Джим Ён Ким
Президент,
Группа Всемирного банка

Мир вступил в цифровую эпоху. Цифровые технологии становятся неотъемлемой частью нашей жизни, преобразовывая ее каждый день. Сегодня "более 40 процентов населения планеты имеет доступ в интернет, и каждый день в сеть выходят новые пользователи. Число беднейших домохозяйств, располагающих мобильным телефоном, выше, чем имеющих доступ к туалету или чистой питьевой воде.

Несмотря на возможности, которые несет появление цифровых технологий, многие из них остаются невостребованными. "Величайший подъем информационно-коммуникационных технологий в истории не станет поистине революционным до тех пор, пока выгоду от него не ощутят все люди во всех уголках планеты" - делают вывод авторы Доклада [1].

Это в полной мере относится к индустрии развлечений и, в частности, к продюсированию в сфере музыкальной индустрии.

По оценкам издания eMarketer мировой оборот музыкальной индустрии в 2011 году оценивался в $67.6 млрд и имел положительный тренд [2]. К 2014 году по исследованиям агентством PWC, объем развлекательного бизнеса достиг $1.74 триллиона и продолжает расти. Крупнейшим рынком остается рынок США [3] (табл. 1).

Таблица 1 – Топ-10 стран по доходам от реализации музыкальной продукции

1	США	4,898
2	Япония	2,627
3	Германия	1,404
4	Великобритания	1,334
5	Франция	842
6	Австралия	376
7	Канада	342
8	Южная Корея	265
9	Бразилия	246
10	Италия	235

Источник: [4]

Последние 16 лет музыкальной индустрии можно охарактеризовать как кризисные. Объем доходов, полученных от реализации музыкальной продукции, с 1999 г. снизился более чем на 45% (рис. 1).

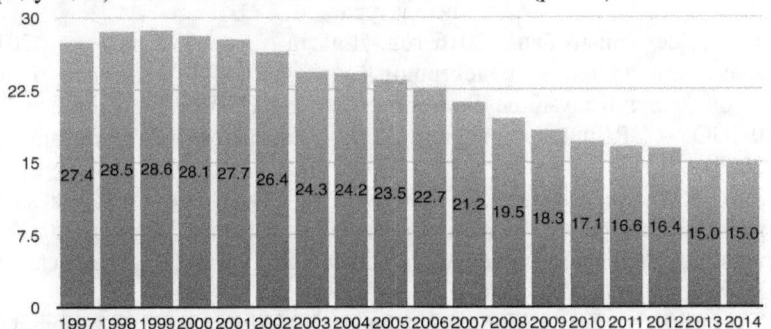

Источник: [4].

Рисунок 1 – Рынок музыкальной продукции 1997 – 2014 г.г. ($ млрд.)

Причины столь значительного падения включают:
- возможность прямого обмена аудио файлами, между пользователями сети Интернет без соответствующего разрешения правообладателей;
- репутационный ущерб, понесенный правообладателями, из-за большого количества судебных разбирательств по поводу нарушения авторских прав;

- отсутствие должных механизмов защиты авторских и смежных прав в Интернете со стороны государственных институций;
- борьба ведущих представителей бизнеса с новыми технологиями вместо внедрения в свою деятельность «цифровых» технологий, которые для потребителя значительно удобнее.

Цифровые технологии предоставляют беспрецедентные возможности для лиц, желающих вести бизнес в музыкальной индустрии. Это проявляется в том, что новые технологии:
- позволяют снизить барьеры входа на музыкальный рынок на всех этапах производства и реализации музыкального продукта;
- устраняют посредников;
- значительно снижают зависимость производителей музыкального продукта от аналоговой среды и повышают эффективность работ;
- облегчают доступ к потребителям музыкальной продукции;
- позволяют использовать цифровые методы реализации музыкальной продукции, в частности, стриминговые сервисы;
- создают новые формы и способы финансирования деятельности компаний, например, на основе «краудфандинга»;
- меняют способы монетизации авторских и смежных прав на музыкальные произведения в цифровой среде.

Использование новейших технологий является фундаментом для повышения финансовой эффективности музыкальной индустрии как во всем мире, так и в России.

Литература

1. Всемирный банк. 2016 год. Доклад о мировом развитии 2016 «Цифровые дивиденды» [Электронный ресурс] / Всемирный банк, Вашингтон, округ Колумбия. Лицензия: Creative Commons Attribution CC BY 3.0 IGO. – URL:https://openknowledge.worldbank.org (Дата обращения 24.03.2016)

2. Katherine Calvert "Profitability in the Digital Age Music Industry". [Электронный ресурс] / SPEA Undergraduate Honors Thesis, 2013. – URL:https://spea.indiana.edu/doc/undergraduate/ugrd_thesis2013_bsam_calvert.pdf (Дата обращения 23.03.2016).

3. 2015 Top Markets Report. Media and Entertainment [Электронный ресурс] / Department of Commerce USA, International Trade Administration, July 2015. – URL:http://trade.gov/topmarkets/pdf/Media_and_Entertainment_Top_Markets_Report.pdf. (Дата обращения 17.03.2016).

4. Digital Music Report 2015 [Электронный ресурс] / IFPI. - 2014. – URL:http://www.ifpi.org/downloads/Digital-Music-Report-2014.pdf (Дата обращения 15.03.2016).

Талалаева Т. В.
аспирант, АОУ ВПО "Ленинградский государственный университет имени А. С. Пушкина", г. Пушкин

ВОПРОСЫ ДОСТУПНОСТИ ИНФОРМАЦИОННОГО ОБЕСПЕЧЕНИЯ МЕХАНИЗМА РЕГУЛИРОВАНИЯ СОЦИАЛЬНО-ТРУДОВЫХ ОТНОШЕНИЙ ДЛЯ НАЕМНЫХ РАБОТНИКОВ

Аннотация: в статье рассмотрен вопрос о праве работников на получение информации от работодателя. Проанализированы Российское и международное законодательство регулирование социально трудовых отношений и выявлены их особенности.

Ключевые слова: информация, социальное партнерство, работники, работодатель.

Информация всегда являлась главенствующим условием и одним из ведущих средств управлениях[5,280]. Увеличение производительности и эффективности предприятия на прямую связано с процессом обмена информацией это позволяет работникам играть роль субъекта трудовых отношений . Обмен информацией уменьшает расстояние между административным иерархическим уровнем на предприятии и увеличивает рост партнерских отношений между руководством и работниками. Как не странно, уведомленные работники о изменениях, воспринимают такую новость намного легче и склонны к большой степени одобрения. Работодатель должен стремиться к систематическому информированию о ситуациях происходящих на предприятии, что в свою очередь вызывает у работников естественное желание помочь работодателю и повлечет за собой большую отдачу в пользу предприятия, в случаи возникших трудностей [4,108].

Работник имеет право на получение информации от работодателя по вопросам затрагивающим его интересы, это является непосредственно конституционным правом как человека так и гражданина на информацию, обеспечивая конституционные права гражданина в трудовой сфере, прописанных в ст. 37 Конституции РФ.

Каждый имеет право свободного поиска, получения, передачи, производство и распространение информации любыми законными путями, [ст. 29 КРФ]. Данное право не должно нарушать и угрожать защите основ конституционного строя, нравственности, здоровья, обороне страны и безопасности государства.

Нормами международного права и национальным законодательством определяется, круг информации, которую работодатель имеет право передавать работникам.

Рассмотрим рекомендации МОТ по вопросам обмена информацией. МОТ №163 "О содействии коллективным переговорам " определяет, что государственный сектор и предпринимательство обязаны по просьбе трудящихся предоставлять информацию содержащую социально - экономические положения производственного подразделения, в рамках которого протекают переговоры, и предприятия в целом, необходимую для ведения переговоров.

Рекомендации МОТ № 163 напрямую связаны с Европейским комитетом по социальным правам ст. 21 европейской социальной хартии. По мнению Комитета, всех представителей работников и самих работников обязаны информировать обо всех вопросах, имеющих отношения к рабочей среде, кроме случаев информации носящий конфиденциальный характер. Все, что касается информации по решениям затрагивающим интересы работников, необходимо проводить заблаговременные консультации.

МОТ №129 «О связях между администрацией и трудящимися на предприятии» не закрепляет передачу информации на локальном уровне с проведением коллективных переговоров. Рекомендация МОТ прописывает предоставление информации работникам и их представителям, содержащую интересующие трудящихся вопросы, непосредственно связанные с рабочими моментами, вопросы касающиеся предприятия и его перспектив на будущее. По мнению МОТ данная информация не как не повлечет за собой ущерб обеим сторонам.

К данной информации можно отнести, вопросы касающиеся занятости от устройства на работу до увольнения, перевода и т. д.; структуру трудового договора; конкретное место нахождения и работы сотрудника; перспективы карьерного роста; техника безопасности, гигиена, профессиональные заболевания; социальная политика предприятия и т. д.

Помимо вышеупомянутого в ст. 53 ТК РФ прописан некий круг информации, который обязует предоставлять работодателя. Работодатель так же обязан предоставлять полную и достоверную информацию, необходимую для заключения коллективного договора, совместного соглашения выполнения и контроля ст 22,37, 51 ТК. Ст. 370 ТК обязует предприятие давать информацию представителям работников о состоянии условий и охраны труда, о несчастных случаях на предприятии и возможных профессиональных заболеваниях. По ст. 14 ФЗ "О объединениях работодателей" объединение работодателей должно обеспечивать профессиональные союзы и их объединения полной информацией по социально - трудовым вопросам. Данная информация крайне необходима для ведения коллективных переговоров, для подготовки и заключения, изменения соглашений и так же контроля их выполнения. Так же в праве бесплатно и совершенно беспрепятственно профсоюзы имеют право получать от работодателя и их объединений, от органов местного самоуправления, государственной власти, информацию по социально - трудовым вопросам.

Выше приведенные примеры, не являются единственными они свободно могут быть расширенны законодательством или учредительной документацией предприятия, коллективным договором и соглашением.

Что же делать с той информацией, которая подпадает под Закон РФ от 21. 07.1993 г. № 5485-1 "О государственной тайне" и Федеральный закон от 29.07.2004 г. № 98 -ФЗ "О коммерческой тайне". Право на получение данной информации ограничено, и отнесение информации к данной категории принимает непосредственно работодатель, но не превышающие ограничения установленные законом.

Информация получившая статус коммерческой тайны совершенно не означает, что ее нельзя получить представителям работников. Данная передача должна быть обусловлена необходимостью для ведения коллективных переговоров.

Кто же может являться получателем информации ограниченного доступа, это могут быть профессиональные союзы и их объединения, органы исполнительной власти так и органы местного самоуправления, туда же можно отнести субъектов трудовых правоотношений с работодателем или представительным органом работника. Информация охраняемая законом не в коем случае не должна быть разглашена и несет за собой юридическую ответственность. Ст 37 ТК прописаны привлечение нарушивших лиц к дисциплинарным, административным, гражданско - правовым и уголовным ответственностям.

К большому сожалению получение любого вида информации как работниками так и их представителями не как не означает, что они как-то могут участвовать на прямую в управлении организации. Они лишь могут на основании полученной информации вносить на рассмотрение органов правления организацией свои предложения о принятие тех решений касающихся проблем, затрагивающих интересы работников. Нужно подчеркнуть, что кодекс РФ ни где не прописывает сроки предоставления выше изложенной информации, по запросу представителя работников и так же не установлены сроки рассмотрения выдвинутых ими предложений. Данный срок свободно можно установить и прописать в коллективном договоре.

Список литературы

1. Конституция Российской Федерации.
2. Рекомендация МОТ № 129 «О связях между администрацией и трудящимися на предприятии».
3. Рекомендация МОТ № 163 Рекомендация о содействии коллективным переговорам.
4. Черкасская Г. В. Борьба с бедностью как фактор развития института социальной защиты /Г. В. Черкасская / Вестник Ленинградского Государственного Университета им. А.С. Пушкина под ред. В. Н. Скворцова и др. Выпуск № 3. том 6. 2010 108 с.
5. Черкасская, Г. В. Виды и особенности социально - трудовых и социально экономических отношений в современном мире, проблемы и пути их решения социально экономического развития: город регион, страна, мир/Г. В. Черкасская / VI Междунар. науч. - прак. конф. сб. ст./под общ. ред. В. Н. Скворцова СПб.: 2014 60с.

Благова Г.А.
студентка 3 курса юридического факультета, Адыгейский государственный университет, г.Майкоп
blagova0@mail.ru
Буркова Л.Н.
кандидат юридических наук, доцент кафедры гражданского и трудового права, Адыгейский государственный университет, г.Майкоп

ФИРМЫ-ОДНОДНЕВКИ: ПОНЯТИЕ И МЕРЫ БОРЬБЫ С НИМИ

Появление фирм-однодневок связано с принятием Федерального Закона 1994 г. "О предприятиях и предпринимательской деятельности», а окончательно обосновались они на российской деловой арене в начале девяностых годов [2]. В то время, когда бизнес был «амнистирован» и легализован.

Википедия понятие «фирма-однодневка» использует как жаргонный термин для обозначения организаций, созданных с целью уклонения от уплаты налогов и проведения мошеннических операций. Российское гражданское законодательство не даёт определения «фирме-однодневки», однако налоговая служба в официальном письме, предназначенном для широкой публики, дала определение такому термину (письмо ФНС РФ от 11.02.2010). По ее мнению, под «фирмой-однодневкой» следует понимать юридическое лицо, не обладающее фактической самостоятельностью, созданное без цели ведения предпринимательской деятельности, как правило, не представляющее налоговую отчетность, либо представляющее «нулевую» отчетность и зарегистрированное по адресу «массовой» регистрации [3].

По данным Центрального банка, из 4,5 млн. юридических лиц, что зарегистрированы в России, к фирмам-однодневкам можно отнести более половины. На самом деле их довольно легко отличить от других организаций. Выделяют следующие признаки, по которым можно это сделать [5, 90-91]:

• Фирма-однодневка не платит налоги либо делает видимость – уплачивает налоги в символическом размере, который вовсе не соответствует оборотам по расчетному счету.

• Регистрируется такая компания на номинальное лицо, чаще всего даже не знающее, что он учредитель. Нередко ими становятся бомжи или алкоголики. А найти такого директора и привлечь его к ответственности за неуплату налогов практически невозможно.

• Фирма-однодневка не имеет ни офиса, ни сотрудников. Отсутствие контактных данных позволяет долгое время игнорировать запросы налоговых органов.

• Фирма существует 1-2 года, после ее бросают или нелегально ликвидируют [3].

Общеизвестны две основные схемы работы фирм-однодневок:

Создание фиктивных расходов. Данная схема работает так: фирма заключает «мнимый» договор с фирмой-однодневкой на оказание услуг или поставку товара. Причем договор выбирает сама фирма-заказчик. На ее расчетный счет перечисляется определенная договором сумма при 100 % условий, что фактически договор никогда не исполняется. Позже оформляются только необходимые первичные документы, подтверждающие совершение операций, т.е. соблюдаются формальные требования к документальному подтверждению произведенных расходов и принятию к вычету сумм косвенных налогов. Далее фирма Заказчик получает обратно свои денежные средства в наличном виде с учетом дисконта (минус от 5-10 %). Данная схема позволяет уйти от уплаты налогов и достигается цель получения наличных денежных средств [6, 30].

Вторая схема – получение вычетов по косвенным налогам (НДС) без соответствующего движения товара, работ, услуг. для увеличения добавленной стоимости товара тем самым уменьшая налоговую нагрузку на компанию. Производитель реализует продукцию по цене, близкой к себестоимости, «фирме-однодневке». Далее она реализует тот же товар с существенной наценкой следующей «серой» фирме, которая и является основным поставщиком товара для «белой» компании. Последняя и будет реализовывать товар конечным потребителям. При такой схеме «белая» компания застрахована от претензий налоговиков к необоснованному вычету по налогу на добавленную стоимость и сможет уменьшить прибыль от реализации товара с низкой себестоимостью [6, 31].

Вопрос относительно того, как государству побороть фирмы-однодневки, остается актуальным и непростым.

В настоящее время существенной мерой по борьбе с такими фирмами является введение в декабре 2011 года уголовной ответственности за образование юридического лица через подставных лиц [4]. Кроме того, предусматривается уголовная ответственность за незаконное использование документов при образования юридического лица, например, в случае, если компания была зарегистрирована по поддельному паспорту или по утерянному документу.

Еще одна мера по борьбе с «однодневками», принятая в 2013 году, - создание так называемых черных списков компаний, замеченных в финансовых махинациях. В базу данных попадают организации, владельцы которых официально заявляли о непричастности к их созданию и деятельности, компании, отсутствующие по юридическому адресу или оформленные по адресам массовой регистрации, а также компании дисквалифицированных лиц. Списки подготавливает межведомственная рабочая группа по противодействию незаконным финансовым операциям, после - их размещают на сайте ЦБ в открытом доступе.

Недостатком данной меры является то, что в настоящее время многие компании регистрируются по адресу массовой регистрации, что связано с отсутствием возможности приобретения собственного офиса в собственность. В настоящее время строятся бизнес-центры, торговые комплексы, в которых компании арендуют помещения для организации работы, но это не означает, что такие компании фактически не осуществляют деятельность.

Самым значительным для российского бизнеса изменением является обязанность представлять в составе декларации по НДС данные из книг покупок и продаж, начиная с отчета за 1 квартал 2015 г. По замыслу законодателя эта информация будет сверяться с аналогичными данными, поступившими в составе отчета от всех указанных поставщиков и покупателей (встречные проверки в режиме онлайн). Таким образом, будет проверена действительность каждой сделки.

На мой взгляд, органу, осуществляющему государственную регистрацию необходимо производить более тщательную проверку достоверности сведений, которые подлежат включению в ЕГРЮЛ, в т. ч. предоставить этому органу право опрашивать лиц, получать справки и сведения по вопросам, возникающим при проведении проверки, проводить осмотр объектов недвижимости, привлекать специалистов и экспертов.

Все государственные меры в своей совокупности дают определенные результаты. Как показывает статистика, подготовленная СПАРК-Интерфакс (системой профессионального анализа рынков и компаний) количество компаний, имеющих те или иные признаки однодневности, сократилось с более чем 1,7 миллиона в 2011 году до 650 тысяч в январе 2016 года. Эксперты-аудиторы прогнозируют и дальнейшее уменьшение их количества.

Литература:

1. Гражданский кодекс Российской Федерации от 30.11.1994 № 51-ФЗ (ред. от 27.12.2009) / Собрание законодательства РФ. – 1994
2. Закон РСФСР от 25.12.1990 N 445-1 (ред. от 30.11.1994) "О предприятиях и предпринимательской деятельности"
3. Письмо ФНС РФ от 11.02.2010 N 3-7-07/84 "О рассмотрении обращения"
4. Уголовный кодекс РФ от 13 июня 1996 г. № 63-ФЗ // Собрание законодательства Российской Федерации - 17 июня 1996 г. - № 25 - Ст. 2954.
5. Ткаченко, В. В., Васильева О. П. Каковы признаки «фирм-однодневок» // Юридический справочник руководителя. 2007. № 3.
6. Зыков, С. «Рога и копыта» не умирают. Оборот фирм-однодневок доходит до 20 процентов ВВП России // Российская газета. 2009. № 4869.

www.ingramcontent.com/pod-product-compliance
Lightning Source LLC
Chambersburg PA
CBHW070315190526
45169CB00005B/1635